Maria Carolina Talio

# DETERMINAÇÃO DO MANGANÊS NOS VINHOS ARGENTINOS

**Maria Carolina Talio**


# DETERMINAÇÃO DO MANGANÊS NOS VINHOS ARGENTINOS

## Determinação de Mn(II) em amostras de vinho utilizando nanopartículas de prata e fluorescência em fase sólida


**ScienciaScripts**

**Imprint**

Any brand names and product names mentioned in this book are subject to trademark, brand or patent protection and are trademarks or registered trademarks of their respective holders. The use of brand names, product names, common names, trade names, product descriptions etc. even without a particular marking in this work is in no way to be construed to mean that such names may be regarded as unrestricted in respect of trademark and brand protection legislation and could thus be used by anyone.

Cover image: www.ingimage.com

This book is a translation from the original published under ISBN 978-613-9-43654-5.

Publisher:
Sciencia Scripts
is a trademark of
Dodo Books Indian Ocean Ltd. and OmniScriptum S.R.L publishing group

120 High Road, East Finchley, London, N2 9ED, United Kingdom
Str. Armeneasca 28/1, office 1, Chisinau MD-2012, Republic of Moldova, Europe
Printed at: see last page
ISBN: 978-620-8-09321-1

# DETERMINAÇÃO DO MANGANÊS NOS VINHOS ARGENTINOS

VARGAS, IGNACIO. A.[B] TORRES DELUIGI, M. R[A,D] ; FERNÁNDEZ, LILIANA. P.[A,B] ; ACOSTA, MARIANO[A,C] ; TALIO, M. CAROLINA. [A,C]*.

[A] INSTITUTO DE QUÍMICA DE SAN LUIS (INQUISAL-CONICET),

[B] DOMÍNIO DA QUÍMICA ANALÍTICA,

[C] DOMÍNIO DA QUÍMICA GERAL E INORGÂNICA,

[D] LABMEM, FACULDADE DE QUÍMICA, BIOQUÍMICA E FARMÁCIA, UNIVERSIDADE NACIONAL DE SAN LUIS, SAN LUIS, ARGENTINA. EJERCITO DE LOS ANDES 950, 5700 SAN LUIS, ARGENTINA
*AUTOR RESPONSÁVEL: MCTALIO@UNSL.EDU.AR; MCAROLINATALIO@GMAIL.COM

# AGRADECIMENTOS

*Os autores gostariam de agradecer ao Instituto de Química San Luis - Consejo Nacional de Investigaciones Científicas y Tecnológicas (INQUISAL CONICET, Projeto 11220130100605CO) e ao Universidade Nacional de San Luis (Projeto PROICO 02-1120), Argentina, pelo apoio financeiro.*

# ÍNDICE

## 1.1. Nanopartículas

Um dos anseios mais antigos da ciência é o de manipular à vontade os componentes da natureza. Atualmente, a nanotecnologia parece ter concretizado este antigo desejo, pelo menos em alguns aspectos.

A manipulação de estruturas à escala nanométrica implica a gestão cuidadosa de um número infinito de variáveis, a fim de obter uma miríade de estruturas com as caraterísticas desejadas e múltiplas aplicações.

A União Internacional de Química Pura e Aplicada (IUPAC) define estruturas nanométricas como as que têm pelo menos uma dimensão à escala do nanómetro, ou seja, entre 1 e 100 nanómetros (nm) (Figura 1).

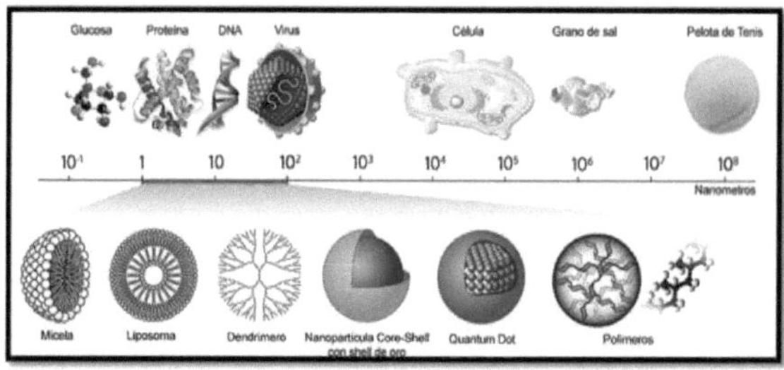

Figura 1: Dimensões das estruturas nanométricas. Obtido em
https://www.wichlab.com/nanometer-scale-comparison-nanoparticle- size-
comparison-nanotechnology-chart-ruler-2/

As nanoestruturas têm múltiplas aplicações (Figura 2 e Figura 3), que dependem estreitamente das suas estruturas:

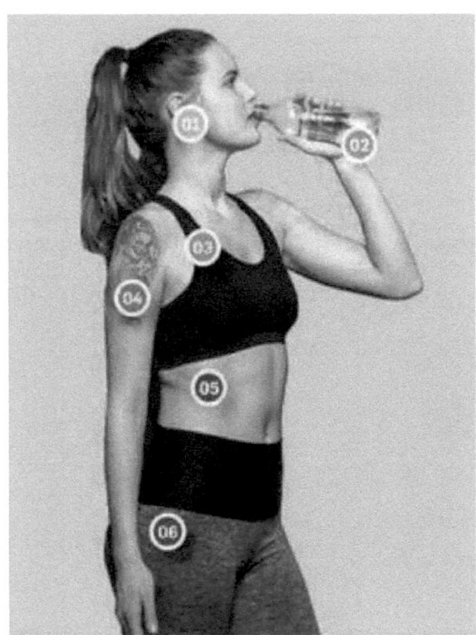

Figura 2: Aplicações das nanoestruturas. Retirado de
https://iupac.org/wp-content/uploads/2022/03/Sensing_Materials.jpg

1) As nanopartículas de TiO2 nos protectores solares bloqueiam os
perigosos raios UVB e UVA.
2) As nanocamadas de SiO2 em garrafas PET funcionam como uma
barreira contra o oxigénio.
3) Os nanomateriais podem acumular-se nos alvéolos dos pulmões e
ser aproveitados para um tratamento específico, ou podem ser nocivos.
4) Tintas de tatuagem pretas e azuis, compostas quase inteiramente
por nanopartículas puras, são injectadas na derme.
5) Na nanomedicina, os transportadores de fármacos de dimensão
nanométrica podem ser concebidos para atingir seletivamente as
células.

6) Nos têxteis são utilizadas nanopartículas de prata com propriedades
antimicrobianas, SiO2 e TiO2 com propriedades repelentes de sujidade
e água.

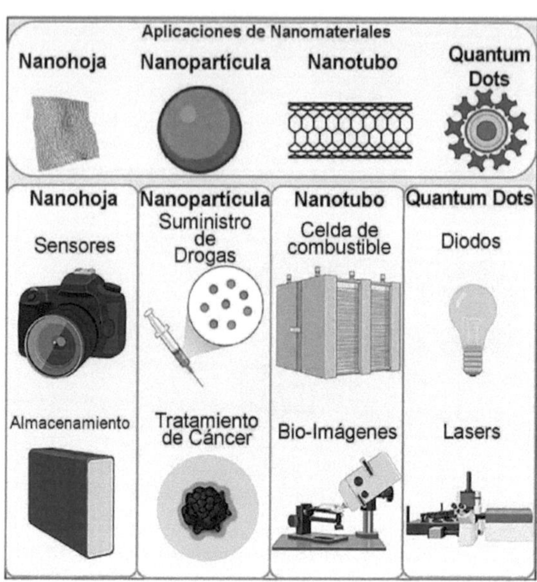


Figura 3: Aplicações dos nanomateriais. De Huston, DeBella, DiBella, & Gupta, 2011.

Nas últimas décadas, a nanotecnologia levou ao desenvolvimento de diferentes nanomateriais, incluindo nanopartículas de prata (Ag-NPs), óxidos metálicos e outros, que são extremamente sensíveis a alterações no seu ambiente químico. Em particular, as nanopartículas de prata constituem uma nanoestrutura com propriedades ópticas, eléctricas e biológicas notavelmente atractivas e interessantes que lhes conferem diversas aplicações em medicina, tais como tratamento antimicrobiano, agentes antitumorais, utilização em medicina dentária, promoção da cicatrização de feridas, cicatrização óssea e em implantes cardiovasculares (Almatroudi, 2020; Mikhailov & Mikhailova, 2019; Pozo Pérez, 2010). As nanopartículas de prata podem ser desenvolvidas por uma variedade de métodos. Uma maneira de classificar os métodos de síntese de nanopartículas usa o ponto de partida da síntese (Figura 4). Utilizando estas técnicas, podem ser sintetizadas não só nanopartículas puras, mas também nanopartículas híbridas ou revestidas. Assim, todas estas técnicas são essencialmente divididas em:

• Processos "descendentes": que diminuem a dimensão do material a granel inicial para dimensões nanométricas. Estes processos utilizam métodos de microfabricação em que são utilizadas ferramentas controladas externamente para cortar, fresar e moldar materiais na forma e ordem desejadas, tais como técnicas litográficas, processamento de feixes laser e técnicas mecânicas.

• Processos "bottom up": têm por objetivo sintetizar NPs a partir dos seus precursores químicos e "fazê-las crescer" até às dimensões acima referidas. Estes processos exploram as propriedades químicas das moléculas para as fazer auto-montar numa conformação útil, sendo as mais comuns a síntese química, a deposição de vapor químico e a auto-montagem,a agregação coloidal, a deposição e o crescimento de filmes, entre outros.

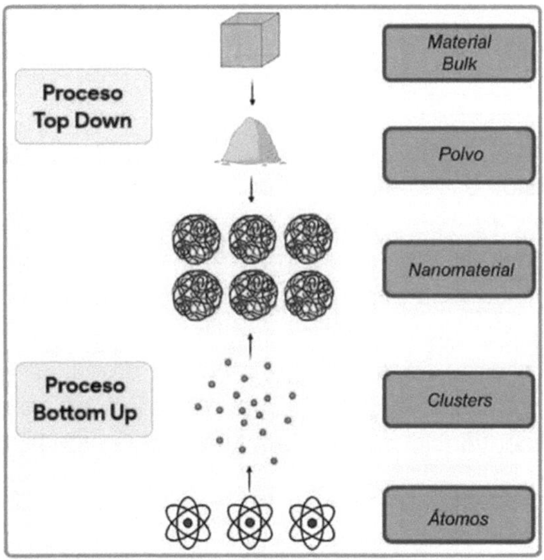


Figura 4: Caraterísticas dos processos de síntese de nanomateriais. Extraído e modificado de Huston, DeBella, DiBella, & Gupta, 2011.

Por outro lado, a síntese de nanopartículas de prata requer geralmente pelo menos três componentes-chave: um precursor metálico (como um sal de prata solúvel), um agente redutor (como o borohidreto de sódio) e um agente estabilizador (como ligandos, polímeros ou tensioactivos) (He, Tan, Liew, & Liu, 2004). O delicado equilíbrio entre os diferentes componentes e as condições de reação desempenha um papel fundamental no controlo do tamanho, da forma e da estabilidade das Ag-NPs resultantes. Foram revistos diferentes estudos que fornecem informações valiosas sobre os factores-chave que influenciam as propriedades das Ag-NPs, que podem ser úteis para o desenvolvimento de aplicações avançadas destes nanomateriais:

• Efeito do solvente e dos aditivos no tamanho das Ag-NPs: O nitrato de prata foi utilizado como precursor e foi investigado como o volume de água na solução precursora afecta o tamanho e a morfologia das Ag-NPs. Quando o volume de água era inferior a 3%, obtiveram-se pequenas Ag-NPs. No entanto, quando a percentagem de água foi aumentada para 50%, o diâmetro das Ag-NPs cresceu até 11,5 nm, adoptando uma forma semelhante a um bastão. Além disso, verificou-se que a adição de NaOH em metanol diminuiu o tamanho das Ag-NPs para um valor ótimo, enquanto o HCl em metanol o reduziu para uma determinada quantidade óptima, e quantidades mais elevadas de HCl provocaram um rápido aumento do tamanho (He, Tan, Liew, & Liu, 2004).

• Efeito do agente redutor e da irradiação por micro-ondas: O impacto do agente redutor e da irradiação por micro-ondas no tamanho e na distribuição das Ag-NPs também foi analisado. Verificou-se que a polivinilpirrolidona (PVP) é um melhor estabilizador do que a β-ciclodextrina (β-CD) na prevenção da agregação de pequenas partículas quando se utiliza a mesma concentração do precursor e se aplica a irradiação por micro-ondas. Este método produziu Ag-NPs mais pequenas com uma distribuição mais homogénea em comparação com o aquecimento convencional (He, Tan, Liew, & Liu, 2004).

• Efeito dos tensioactivos na cinética e no tamanho das Ag-NPs: A cinética do sistema redox nitrato de prata-ácido ascórbico foi analisada na presença de três tensioactivos. (catiónico, aniónico e não iónico). Verificou-se que a formação de um sol de prata transparente e estável, bem como o tamanho das partículas, dependia da natureza do grupo principal dos tensioactivos. As Ag-NPs obtidas com dodecilsulfato de sódio (SDS) e brometo de hexadeciltrimetilamónio (HTAB) eram esféricas e de tamanho de partícula uniforme, com um tamanho médio de aproximadamente 10 e 50 nm, respetivamente. A reação seguiu uma cinética de ordem fraccionada em relação à concentração de ácido ascórbico na presença de HTAB, sugerindo uma relação entre o efeito de carga das micelas e a ordem e molecularidade da reação (AL-Thabaiti, Al-Nowaiser, Obaid, Al-Youbi, & Khan, 2008).

• Efeito dos surfactantes na estabilidade das Ag-NPs: As Ag-NPs foram sintetizadas por ablação a laser de uma placa de prata metálica em soluções aquosas de diferentes surfactantes. Observou-se que a abundância de Ag-NPs antes e depois da centrifugação varia em função da concentração de surfactante. Isto sugere que a cobertura de surfactante e o estado de carga na superfície das nanopartículas estão intimamente relacionados com a sua estabilidade. As Ag-NPs tendem a agregar-se quando a cobertura é inferior à unidade, enquanto são muito estáveis quando a superfície está coberta por uma dupla camada de moléculas de surfactante (Mafuné, Kohno, Takeda, & Kondow, 2000).

• Aplicação de Ag-NPs derivadas como nanosensores: As Ag-NPs revestidas com EDTA foram sintetizadas por redução de citrato. Inicialmente, o nitrato de prata foi dissolvido em água ultrapura e aquecido até à ebulição sob agitação magnética vigorosa. A solução de citrato de sódio foi então rapidamente adicionada ao balão, resultando na formação de nanopartículas de prata, indicada por uma mudança de cor para amarelo. A solução continuou a ferver e, após arrefecimento, as nanopartículas de prata foram transferidas para outro balão, onde foram adicionados EDTA e hidróxido de sódio para as estabilizar, o que resultou numa mudança de cor para violeta. As nanopartículas foram então separadas do excesso de reagentes por um processo de floculação e purificadas para obter nanopartículas monodispersas numa solução límpida. Esta metodologia ultrassensível utiliza as Ag-NPs derivatizadas como sensor para a determinação de nitratos, proporcionando uma forma sensível e selectiva para a sua quantificação, com aplicações em soluções parenterais (Wang, Luconi, Masi, & Fernandez, 2009).

• Estabilização a longo prazo de dispersões concentradas de Ag-NPs: Foram preparadas dispersões aquosas concentradas e estáveis de Ag-NPs com uma distribuição de tamanho estreita através da redução de soluções de nitrato de prata com ácido ascórbico na presença de Daxad® 19 como agente estabilizador, que tem uma excelente capacidade para evitar a agregação de prata de tamanho nanométrico com elevada força iónica e concentração de metal (até 0,3 mol L$^{-1}$). A presença deste agente dispersante na superfície das Ag-NPs explica a carga negativa e o efeito electrostérico responsáveis pela sua estabilidade a longo prazo. Outros factores, como o pH, a concentração do agente estabilizador e a relação metal/dispersante, também afectam o tamanho e a estabilidade destas dispersões. A prata nanométrica final pode ser obtida como um pó seco e completamente redispersa em água desionizada por sonicação (Sondi, Goia, & Matijevic, 2003).

Entre os vários métodos de redução da prata, a síntese sonoquímica surge como um método novo, simples e controlável em termos de tamanho, com elevado valor prático, sem necessidade de instalações complicadas, oferecendo várias vantagens do ponto de vista da química verde. Num processo sonoquímico, o colapso de bolhas gerado por ondas ultra-sónicas gera uma elevada densidade de energia. Esta energia libertada desencadeia a formação de radicais redutores que consequentemente reduzem os iões de prata, permitindo a formação de nanoestruturas porosas, com elevada dispersão e sem formar grandes agregados (Talebi, Halladj, & Askari, 2010).

## 1.2. Poluentes emergentes

A contaminação do solo e da água é uma questão de grande relevância mundial devido aos perigos que implica tanto para a saúde humana como para o ambiente. Entre os poluentes encontrados, destacam-se os poluentes emergentes (CE), cuja presença crescente na água e no solo produz efeitos de grande risco toxicológico, já que alguns deles têm propriedades carcinogénicas, mutagénicas e embriogénicas.

As CE são substâncias previamente desconhecidas ou não reconhecidas, cuja presença no ambiente não é conhecida ou reconhecida. necessariamente novas, mas preocupam-se com as possíveis consequências deste facto. Podem ser definidas como compostos que não estão atualmente abrangidos pelos regulamentos existentes sobre a qualidade da água, que não foram estudados anteriormente e que se acredita serem potenciais ameaças para os ecossistemas ambientais, a saúde e a segurança humanas (Farré, Pérez, Kantiani, & Barceló, 2008). Os CE estão entre as linhas prioritárias de investigação das agências dedicadas à proteção da saúde pública e ambiental. Uma caraterística marcante destes compostos é o facto de, devido à sua elevada produção e/ou consumo, e à sua contínua incorporação no ambiente, não necessitarem de ser persistentes para causar efeitos negativos. No entanto, uma das principais limitações na análise de CEs continua a ser a falta de métodos para a sua quantificação a baixas concentrações.

## 1.3. O manganês e a sua importância nos sistemas biológicos

O manganês, um elemento químico essencial na biosfera, destaca-se como um dos elementos de transição mais prevalentes na crosta terrestre, juntamente com o ferro e o titânio. Naturalmente presente nas rochas, nos solos e na água, este oligoelemento desempenha um papel crucial em numerosos processos biológicos.

Está presente nos solos, principalmente como óxidos, $MnO_2$ (pirolusita) e $MnO(OH)$ (manganita), mas também como carbonatos ($MnCO_3$) e silicatos ($MnSiO_3$), em níveis que variam de 200 a 3000 ppm (600 ppm em média). O ião Mn(II) pode ser libertado através de processos químicos e de meteorização e subsequentemente assimilado pelas plantas (Stockley, et al., 2018).

Apesar da sua relativa abundância, o manganês não é encontrado em grandes quantidades nos materiais vegetais, embora seja um nutriente essencial para a maioria dos seres vivos, incluindo plantas e seres humanos (Schramm & Brandt, 1986).

A variabilidade do teor de manganês nos alimentos é notável. Enquanto os produtos de origem animal, como ovos, leite, carne e peixe, tendem a ter baixos níveis de manganês, alimentos como chá, nozes, cereais integrais e alguns vegetais de folhas verdes escuras, como espinafres, podem conter concentrações significativas deste oligoelemento (Pennington, Young, Wilson, Johnson, & Vanderveen, 1986; Kies, 1987), atingindo até 100 mg kg $^{-1}$ de peso seco (Guthrie, 1975). Os níveis normais de manganês em amostras de sangue variam de 4 a 15 µg L$^{-1}$, sendo sua absorção e eliminação reguladas pelo fígado e bile, respetivamente (Rakhtshah, Shirkhanloo, & Mobarake, 2022).

No metabolismo de todos os organismos vivos, o manganês desempenha um papel fundamental na fosforilação oxidativa, no metabolismo dos ácidos gordos, do colesterol e dos mucopolissacarídeos, bem como na ativação de várias enzimas. Nas plantas, a sua principal função reside na facilitação de processos biológicos cruciais, como a fotossíntese, a respiração e a assimilação de azoto, contribuindo para o crescimento saudável das plantas e para a resistência a agentes patogénicos (Stockley, et al., 2018). Apesar dos seus benefícios, o manganês pode apresentar potenciais riscos à saúde, principalmente na forma de compostos organometálicos e derivados em condições específicas, sendo considerados como possíveis agentes genotóxicos inorgânicos (Aschner & Aschner, 2005; Baly, Curry, Keen, &

Hurley, 1984; Greger, 1999; Keen, Lönnerdal, & Hurley, 1984). Além disso, o elemento foi classificado como um agente neurotóxico, causando um distúrbio semelhante à doença de Parkinson, conhecido como manganismo (Kwakye, Paoliello, Mukhopadhyay, Bowman, & Aschner, 2015).

Muitas técnicas sofisticadas, como a cromatografia líquida de alta eficiência (HPLC), a espetroscopia de absorção atómica (AAS), a espetroscopia de absorção atómica de chama (FAAS), a espetroscopia de emissão ótica com plasma indutivamente acoplado (ICP-OES) e a espetroscopia de emissão ótica com plasma indutivamente acoplado (ICP-OES), A espetroscopia de emissão ótica com plasma indutivamente acoplado (ICP-OES) e a espetrometria de massa com plasma indutivamente acoplado (ICP-MS), a espetrometria de massa com plasma indutivamente acoplado) têm sido amplamente aplicadas na determinação do manganês (Mohagheghpour, Farzin, Ghoorchian, Sadjadi, & Abdouss, 2022; R. R. R. Abdouss, 2022; R. R. R. R. R. Abdouss, 2022; R. R. R. Abdouss, 2022). Abdouss, 2022; Rakhtshah, Shirkhanloo, & Mobarake, 2022; Carneiro & Dias, 2021). Entre as metodologias possíveis, adicionalmente, alguns métodos colorimétricos (Sankar, Inamdar, Im, Lee, & Kim, 2018) e espalhamento Raman (Narayanan & Han, 2017) empregaram Ag-NPs como estratégias para quantificar o manganês. A determinação exacta do manganês em amostras biológicas é desafiada pelas baixas concentrações do metal, pela complexidade das matrizes em que se encontra e pela necessidade de controlar a contaminação externa e a interferência de iões durante todas as fases da análise.


### 1.3.1. Manganês nos vinhos

A videira, como qualquer outra planta, precisa de um equilíbrio adequado de nutrientes para crescer e produzir frutos. Este elemento é crucial para a síntese da clorofila e para o metabolismo do azoto. A deficiência ou o excesso de manganês no solo pode afetar negativamente o crescimento e a qualidade da videira. A carência de manganês pode manifestar-se por folhas amarelas com nervuras verdes (Figura 5), o que pode ser confundido com carências de zinco ou ferro, enquanto a toxicidade, embora rara, pode causar necrose entre nervuras e em folhas mais velhas, reflectindo-se em manchas negras nas folhas, rebentos e caules dos cachos (Ashley, 2009).

A libertação de manganês durante a combustão de gasolina com aditivos de manganês pode contaminar solos, poeiras e plantas em vinhas próximas de estradas (Lytle, Smith, & McKinnon, 1995).

Na cultura da vinha, o manganês é absorvido do solo através das raízes.

A disponibilidade de manganês no solo depende de vários factores, como o pH, a atividade dos microrganismos, a matéria orgânica, o nível e o tipo de nutrientes (como o ferro, o fósforo, o cobre e o zinco), os sais neutros, os adubos acidificantes adicionados ou extraídos, a temperatura e a humidade e certas texturas do solo.

Em solos ácidos (pH inferior a 6), a fração livre de Mn(II) é mais elevada e as videiras absorvem mais. Em solos básicos ou bem arejados, a disponibilidade de manganês diminui.

As práticas de gestão da vinha podem modular, mas não eliminar, os níveis de manganês, afectando o pH do solo e influenciando a disponibilidade de Mn(II), tais como

• A calagem de solos muito ácidos diminui a concentração de Mn(II) no solo devido à precipitação como MnO2. A calagem excessiva de solos ácidos é uma causa comum de deficiências de manganês.

• Os fertilizantes, agroquímicos, água de irrigação ou outros tratamentos que contenham manganês podem aumentar os níveis na videira, enquanto os factores de produção com propriedades acidificantes podem alterar a disponibilidade para a videira (La Pera, et al., 2008).

• Culturas de cobertura, reduzindo o pH do solo.

O processo de vinificação geralmente não acrescenta quantidades significativas aos níveis já presentes nas uvas (Stockley, et al., 2018).

Figura 5: Deficiência de Mn na videira. Recuperado de
https://www.sobitecperu.com/la-importancia-de-los-micros- elements-in-
fruit-tree-production-and-vines-of-high-quality-and-condition/

Em geral, considera-se que os níveis de manganês na água de irrigação
devem estar entre 0,05 e 0,2 mg L-¹. Níveis mais altos podem ser
tóxicos para as plantas, enquanto níveis mais baixos podem limitar o
crescimento e a produção (Ayers & Westcot, 1985).

## 1.4. Métodos Luminescentes

Os métodos luminescentes englobam um conjunto de técnicas
instrumentais altamente sensíveis e selectivas, destacando-se a
fluorescência, a fosforescência e a quimiluminescência pela sua
relevância na análise. Nestes métodos, as moléculas do analito são
excitadas, gerando uma espécie cujo espetro de emissão fornece
informações para a análise qualitativa e quantitativa. A medição da
intensidade de luminescência permite a determinação quantitativa de
várias espécies inorgânicas (associadas a agentes complexantes
adequados) e orgânicas em níveis vestigiais. Atualmente, o número de
métodos fluorimétricos excede significativamente as aplicações
baseadas na fosforescência e na quimiluminescência.
A sensibilidade da luminescência é um dos seus aspectos mais
atractivos, com limites de deteção até três ordens de grandeza inferiores
aos das espectroscopias UV-Vis (ppb). Além disso, a seletividade dos
métodos de luminescência excede a dos métodos de absorção UV-Vis.
No entanto, a sua aplicabilidade é limitada devido ao número restrito de

sistemas químicos que podem gerar luminescência (Skoog, Holler, & Crouch, 2008; Willard, L.Merritt, A.Dean, & A.Settle, 1991).

## 1.5. Extração em fase sólida

A extração em fase sólida (SPE) tem sido amplamente utilizada para a separação e determinação de analitos, oferecendo vantagens como recuperações elevadas, fácil recuperação da fase sólida, diminuição do efeito de matriz e melhor seletividade analítica.

Novos materiais adsorventes, tais como nanopartículas poliméricas impressas, sílica nanoporosa modificada, entre outros, têm sido desenvolvidos e aplicados para a pré-concentração e separação de iões de metais pesados a nível vestigial em várias amostras (Bagheri, Amini, Behbahani, & Rabiee, 2019; Sobhi, Mohammadzadeh, Behbahani, & Esrafili, 2019; Behbahani, et al, 2018; Behbahani, Rabiee, Bagheri, & Amini, 2022; Behbahani, Bagheri, & Amini, 2020; Ebrahimzadeh & Behbahani, 2017; Behbahani, Akbari, Amini, & Bagheria, 2014; Ghorbani-Kalhor, Behbahani, & Abolhasani, 2015; Bagheri, et al., 2012; Omidi, Behbahani, Bojdi, & Shahtaheri, 2015).

Esta abordagem tem sido utilizada com sucesso numa grande variedade de analitos devido à disponibilidade de adsorventes sólidos (Herrero-Latorre, Álvarez-Méndez, Barciela-García, García-Martín, & Peña-Crecente, 2012; Talio, Luconi, & Fernández, 2011; Talio, Alesso, Acosta, Wills, & Fernández, 2017; Talio, Acosta, Acosta, Olsina, & Fernández, 2015).

Uma vez que a quantificação de metais vestigiais é realizada principalmente por espetroscopia de absorção atómica com chama (FAAS) ou espetroscopia de absorção atómica com forno de grafite (GFAAS), a eficiência da pré-concentração é limitada pela necessidade de apresentar o extrato em solução. Ao combinar SAI com Fluorescência de Superfície Sólida (SSF), o analito é apresentado num suporte sólido sem necessidade de diluição.

## 1.6. Importância do controlo dos vinhos

A quantificação de quantidades vestigiais de Mn(II) é de grande importância para o controlo da qualidade e autenticidade do vinho (Ribeiro- de-Lima, et al., 2004; Deng, et al., 2019; Smoleńa, Sekułaa, & Kleszcza, 2017).

O vinho é um produto muito consumido em todo o mundo e a grande diversidade das zonas de produção confere-lhe caraterísticas particulares que são influenciadas por numerosos factores, como a casta, o solo e o clima, as leveduras, as práticas enológicas, o transporte e a armazenagem.

O vinho argentino, bebida nacional da Argentina (Lei 26870), é produzido principalmente nas províncias de Mendoza, San Juan, La Rioja e, nas últimas décadas, começou a ser produzido noutras províncias, como San Luis. De acordo com dados do Instituto Nacional de Vitivinicultura (INV), a Argentina produziu mais de 14 milhões de hectolitros de vinho em 2018, o que representa um aumento de 22,8% em relação a 2017 (Instituto Nacional de Vitivinicultura, 2022; Corporación Vitivinícola Argentina, 2022). A população argentina é uma boa consumidora de vinho, em 2006 o consumo foi de 45 litros por ano per capita (Joseph, 2021; Argentina.gob.ar, 2022).

A investigação sobre os níveis de iões metálicos nos vinhos de mesa tem sido um tema de interesse na literatura científica recente. Os quocientes de perigo (HR) dos iões metálicos nos vinhos de mesa foram analisados utilizando o valor do limite superior de referência seguro. O RQ foi calculado utilizando a fórmula estabelecida pela Agência de Proteção do Ambiente, expressa na equação

$$CR = \frac{EFr * ED_{tot} * SFI * MCS_{Inorg}}{RfD * BW_a * AT_n} * 10^{-3}$$

$$(1):$$

em que EFr é a frequência de exposição (ano-dia$^{-1}$); $ED_{tot}$ é a duração da exposição (anos); SFI é a massa da dieta selecionada ingerida (g dia$^{-1}$); $MCS_{inorg}$ é a concentração de espécies inorgânicas nos componentes da dieta (µg g$^{-1}$); RfD é a dose oral de referência (mg kg$^{-1}$ dia$^{-1}$); $BW_a$ é o peso corporal médio do adulto (kg); $AT_n$ é o tempo médio para não cancerígenos (dias); e 10$^{-3}$ é o fator de conversão da unidade. Os resultados mostraram que os valores de CR para sete iões metálicos (Pb, Cr, Cu, Zn, Ni, Mn e V) na maioria dos vinhos eram significativamente elevados, exceto para vinhos selecionados de Itália, Brasil e Argentina. Os níveis de vanádio, cobre e manganês tiveram o maior impacto nas medições de RC. Os valores máximos potenciais de RC variaram entre 50 e 200, com alguns vinhos húngaros e eslovacos a atingirem valores de 300.

A presença de níveis relativamente elevados de iões metálicos potencialmente perigosos em vinhos tintos e brancos originários de vários países é uma questão preocupante. O consumo diário de 250 ml destes vinhos pode levar a valores de CR muito elevados e, por conseguinte, a problemas de saúde prejudiciais ao longo da vida, com base apenas no teor de metais. É importante aprofundar a investigação neste domínio, especialmente em relação à saúde pública, e determinar os mecanismos de inclusão/retenção de metais durante a produção de vinho. Estes estudos devem incluir a influência da variedade da uva, do tipo de solo, da região geográfica, dos insecticidas e herbicidas, dos recipientes de contenção e das variações sazonais (Naughton & Petróczi, 2008).

A classificação geográfica dos vinhos por elementos vestigiais e isótopos é outro aspeto que mostra a importância da monitorização de diferentes metais, incluindo o manganês (Cheng, Fa, Xi, & Zhang, 2015; Coetzee, Jaarsveld, & Vanhaecke, 2014; Dinca, et al., 2016; Đurđić, et al., 2017; Dutra, et al., 2011; Pepi & Vaccaro, 2017). Além disso, é crucial que os níveis de iões metálicos sejam listados nos rótulos dos vinhos, juntamente com a introdução de etapas adicionais para remover os principais iões metálicos perigosos durante a produção do vinho.


## 1.7. Hipótese

Neste contexto, é apresentada a seguinte hipótese:

• A síntese de nanopartículas de prata utilizando métodos ecológicos e amigos do ambiente, como a síntese sonoquímica, pode ser uma ferramenta útil para a determinação de manganês (II) em amostras de vinho.

A síntese pode ser efectuada através de várias metodologias e reagentes, dependendo das necessidades do sistema e da aplicação final pretendida.

Neste trabalho final, a síntese de Ag-NPs utilizando ultra-sons e o efeito de diferentes surfactantes (HTAB, Triton X-100 e SDS) é explorada para obter Ag-NPs funcionalizadas que podem ser utilizadas para a determinação de manganês (II) em amostras de vinho.

## 1.8. Objectivos

• Desenvolver uma nova metodologia analítica altamente sensível através da combinação de nanopartículas de prata funcionalizadas com fluorescência molecular para a determinação de Mn(II).

• Caracterizar os descritores de forma das Ag-NPs por Microscopia Eletrónica de Varrimento e Análise Morfométrica.

• Estudar e otimizar as variáveis experimentais que afectam as diferentes fases do processo analítico.

• Avaliar os métodos desenvolvidos utilizando parâmetros estatísticos.

• Aplicar a metodologia desenvolvida para a determinação de Mn(II) em amostras de diferentes tipos de vinhos.

# CAPÍTULO 2
## MATERIAIS E MÉTODOS

## 2.1. Nanopartículas de prata

### 2.1.1. Reagentes

Utilizaram-se nitrato de prata e ácido cítrico (Sigma Chemical Co., St. Louis, MO, EUA) para a síntese de Ag-NPs, que foram subsequentemente funcionalizadas pela adição de diferentes tensioactivos (HTAB, catiónico; Triton X-100, não iónico; e SDS, aniónico) em diferentes concentrações ($1 \times 10^{-2}$ a $1 \times 10^{-8}$ mol L$^{-1}$). Todas as soluções utilizadas foram preparadas com água ultrapura (18,3 M$\Omega$ cm$^{-1}$ ; Milli-Q EASY pure RF, Barnsted, IA, EUA).A solução de reserva de Mn(II) foi preparada por diluição da solução padrão de concentração 100 µg mL$^{-1}$ (Standard solution plasma-pure, Leeman Labs, Inc., Hudson, NH, EUA), que foi armazenada em frascos de vidro a 4°C ao abrigo da luz e utilizada para a preparação das soluções de menor concentração. Além disso, foram utilizados os seguintes reagentes analíticos: TRIS (Mallinckrodt Chemical Works, St Louis, EUA - $1 \times 10^{-2}$ mol L$^{-1}$), fosfatobásico de potássio ($2 \times 10^{-2}$ mol L$^{-1}$ - Biopack, Buenos Aires, Argentina), fosfatodibásico de potássio ($2 \times 10^{-2}$ mol L$^{-1}$ - Biopack, Buenos Aires, Argentina), tetraborato de sódio (Merck & Co, Inc. - $1 \times 10^{-2}$ mol L$^{-1}$), biftalato de potássio (Merck & Co., Inc. - $5 \times 10^{-2}$ mol L$^{-1}$) e tampão acético/acetato ($1 \times 10^{-2}$ mol L$^{-1}$ - Mallinckrodt Chemical Works). O pH das diferentes soluções foi ajustado pela adição de soluções concentradas de ácido clorídrico (Merck, Darmstadt, Alemanha) ou de hidróxido de sódio (Mallinckrodt Chemical Works), controlado por um medidor de pH (Orion Expandable Ion Analyzer, Orion Research, Cambridge, MA, EUA) modelo EA 94.

### 2.1.2. Tratamento por ultra-sons

#### *2.1.2.1.* Base teórica

As propriedades de uma fonte de energia específica desempenham um papel fundamental no desenvolvimento de uma reação química. A aplicação da irradiação ultra-sónica distingue-se das fontes de energia convencionais, como o calor, a luz ou a radiação ionizante, pela sua duração, pressão e energia por molécula. As altas temperaturas e pressões locais, bem como as taxas extremas de aquecimento e arrefecimento geradas pelo colapso das bolhas de cavitação, fazem dos ultra-sons um mecanismo único para desencadear processos químicos de alta energia (Crocker, 1995).

As ondas acústicas, que são de natureza puramente mecânica, não podem ser absorvidas diretamente pelas moléculas, mas necessitam de ser transformadas numa forma quimicamente útil através do complexo processo de cavitação. Como todos os sons, os ultra-sons propagam-se através de uma série de ondas de compressão e expansão que viajam através de um meio. Estes ciclos de compressão e expansão geram forças que ligam e separam as moléculas do meio, respetivamente. Num meio líquido, o ciclo de expansão dos ultra-sons pode criar uma pressão negativa suficiente para ultrapassar as forças de coesão das moléculas do líquido, separando-as localmente e criando microcavidades ou bolhas. Estas bolhas crescem em vários ciclos, desde o submicrómetro até dezenas de micrómetros, aprisionando vapores ou gases no meio. Durante cada ciclo de expansão, o crescimento da cavidade é ligeiramente superior à contração durante a compressão. Assim, ao longo de vários ciclos acústicos, a cavidade vai crescendo gradualmente até atingir uma dimensão crítica que lhe permite absorver eficazmente a energia ultra-sónica. Uma vez atingido este ponto crítico, a cavidade pode expandir-se rapidamente durante um ciclo acústico, atingindo uma dimensão instável na qual já não consegue absorver energia de forma eficiente. Neste ponto, a cavidade não se pode sustentar e o líquido circundante entra violentamente na cavidade, provocando a sua implosão. Isto cria um ambiente invulgar para reacções químicas, caracterizado por temperaturas e pressões extremas, que podem atingir até 5000°C e 1000 atm, respetivamente (Figura 6).

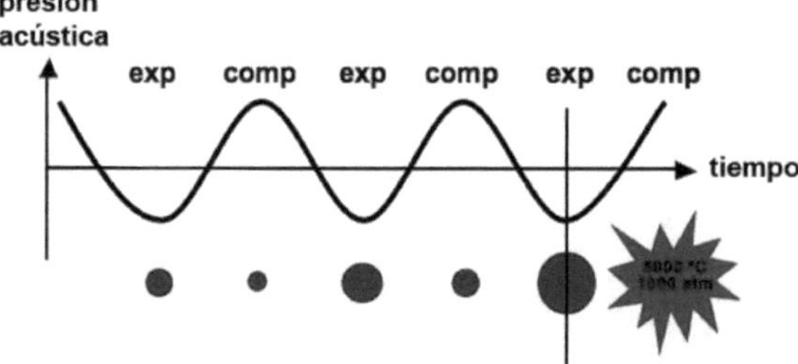


Figura 6: Diagrama esquemático do processo de cavitação. Retirado de
https://www.ub.edu/talq/es/node/252

A rápida compressão de gases e vapores no interior da bolha gera condições de alta energia, que se dissipam rapidamente ($>10^{10}$ °C s$^{-1}$) sem afetar significativamente as condições circundantes. Esta combinação de altas temperaturas, pressões e arrefecimento rápido cria condições que são difíceis de alcançar com outras técnicas químicas. Além disso, o colapso das bolhas gera ondas de choque que podem induzir efeitos mecânicos, tais como a formação de emulsões estáveis em sistemas líquido-líquido, a fragmentação e erosão de sólidos, a aceleração do transporte de massa e a diminuição da repassivação por produtos de reação. Como resultado, a cavitação facilita o contacto entre reagentes imiscíveis ou pouco solúveis, o que pode ativar muitas reacções químicas.

Em alguns casos, a cavitação pode induzir uma reação química específica, conhecida como comutação sonoquímica, que pode alterar a natureza dos produtos da reação. Em geral, a sonicação de soluções aumenta os processos radicais livres, enquanto tem um efeito limitado nos processos polares. Em sistemas bifásicos, os ultra-sons favorecem os mecanismos radicais em detrimento dos polares, a não ser que apenas seja possível um mecanismo polar, caso em que o efeito se limita aos efeitos mecânicos da cavitação. As reacções sonoquímicas foram desenvolvidas principalmente para reacções de fase heterogénea, em que a formação de bolhas de cavitação perto de uma superfície sólida gera um jato de líquido dirigido para a superfície, que é responsável pela eficácia dos ultra-sons na limpeza de superfícies. A ultrassonificação é um meio eficiente de dispersar sólidos ou emulsionar líquidos, aumentando a área de superfície de contacto e, consequentemente, a taxa de reação. Além disso, a sonicação facilita a transferência de massa em sistemas heterogéneos, maximizando a exposição dos reagentes. O principal objetivo da aplicação de ultra-sons nas reacções químicas é melhorar a sua velocidade e rendimento, e/ou induzir uma reatividade química específica (Grupo de Innovación Docente en Operativa de Laboratorios Químicos, 2008).

### *2.1.2.2.* **Condições de funcionamento**

A síntese sonoquímica e a derivatização foram efectuadas num banho ultrassónico termostático (LabTech, LUC-410, Daihan LabTech Co., Ltd., Kyonggi-Do, Coreia) (Figura 7).

Figura 7: Equipamento de ultra-sons

### 2.1.3. Síntese

As Ag-NPs foram sintetizadas (ver Figura 8) a partir dos precursores químicos nitrato de prata e ácido cítrico (Sigma Chemical Co., St. Louis, MO, EUA) utilizando um banho de ultra-sons termostático para a síntese. Inicialmente, 10 mL de uma solução de nitrato de prata ($1\times10^{-2}$ mol L$^{-1}$) foram misturados com 10 mL de uma solução de ácido cítrico ($1\times10^{-2}$ mol L$^{-1}$) num balão de Erlenmeyer de 250 mL. Esta mistura foi submetida a um tratamento ultrassónico durante 30 minutos a 25°C. Uma vez que o tratamento de ultra-sons foi concluída, a suspensão resultante foi deixada em repouso durante 10 minutos e, em seguida, 10 mL do surfactante correspondente (HTAB, Triton X-100, ou SDS) foi adicionado e trazido para um volume final de 100 mL com água ultrapura e novamente submetido a tratamento de ultra-sons durante 30 minutos. No final do tratamento ultrassónico, a suspensão foi deixada em repouso à temperatura ambiente, ao abrigo da luz.

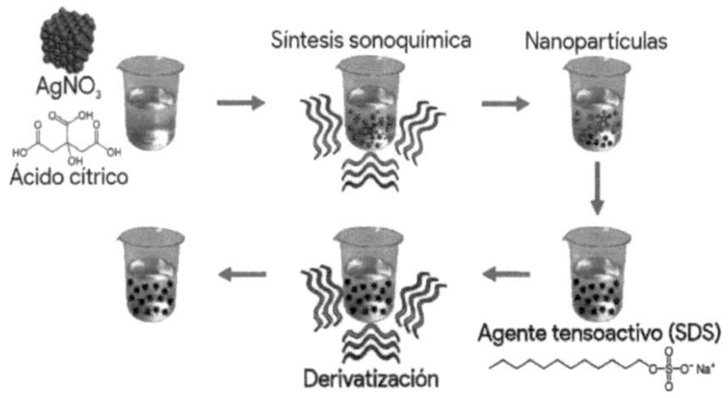


Figura 8: Esquema do procedimento de síntese e derivatização de Ag-NPs por ultrassom.

### 2.1.4. Escolha do suporte sólido e do tempo de imersão

Em estudos sobre a natureza do suporte sólido, foram testados papel de filtro de banda azul (Whatman, Inglaterra; tamanho do poro 2 - 5 µm), acetato de celulose e membranas de nylon e teflon (Sigma-Aldrich; tamanho do poro 0,45 µm). Todas as membranas com um diâmetro de 5 cm. Volumes de 2,5 mL de Ag-NPs revestidas e 2,5 mL de água ultrapura foram misturados e colocados em cristalizadores de 25 mL. De seguida, os diferentes suportes sólidos foram imersos nas soluções preparadas durante diferentes tempos (5 a 300 s) utilizando um agitador orbital (DLAB SK-O330-Pro) (Figura 9). Os suportes impregnados com os diferentes nanomateriais foram secos em exsicadores à temperatura ambiente e reservados para a etapa seguinte.

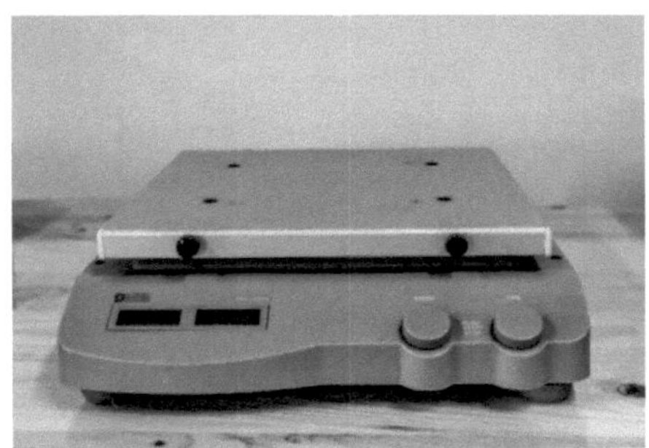

Figura 9: Equipamento do agitador orbital

## 2.2. Preparação da amostra

Foram selecionadas e compradas amostras de vinho de diferentes tipos de blends (Cabernet Sauvignon, Malbec, Merlot, Tempranillo), brancos (Semillon, Sauvignon Blanc, Tocai, Viognier, Chardonnay), rosés (Tannat, Malbec, Syrah, Malbec-Pinot Noir) e blends (Syrah-Merlot, Cabernet Sauvignon-Merlot) de diferentes províncias argentinas (La Rioja, Mendoza, San Juan e San Luis). As amostras foram abertas, protegidas da luz solar, armazenadas a 4°C e posteriormente analisadas em poucos dias. Uma alíquota foi filtrada através de um filtro cromatográfico Millipore Nylon de 0,2 µm e diluída com água ultrapura quando necessário.

A fim de determinar o volume ótimo de cada amostra de vinho para a quantificação do Mn(II), foram efectuados ensaios com diferentes volumes de amostra. A diluição adequada foi identificada assegurando que as intensidades dos sinais se encontravam dentro da gama linear da metodologia proposta.

As seguintes amostras foram analisadas utilizando a metodologia proposta:

1. Vinho tinto (Cabernet Sauvignon), San Juan.

2. Vinho tinto (Cabernet Sauvignon), San Luis.

3. Vinho tinto (Cabernet Sauvignon), La Rioja.

4. Vinho tinto (Malbec), Mendoza.

5. Vinho tinto (Merlot), San Juan.

6. Vinho tinto (Tempranillo), San Juan.

7. Vinho branco (Semillon, Sauvignon Blanc), Mendoza.

8. Vinho branco (Tocai, Viognier, Chardonnay e Sauvignon Blanc), San Juan.

9. Vinho branco (Chardonnay e Sauvignon Blanc), La Rioja.

10. Vinho branco (Malbec- Pinot Noir) Mendoza.

11. Vinho branco - rosé (Tannat, Malbec, Syrah), Mendoza.

12. Vinho branco - rosé (Tannat, Malbec, Pinot), San Juan.

13. Vinho tinto de mistura (Syrah- Merlot), Mendoza.

14. Vinho tinto de mistura (Cabernet Sauvignon, Merlot), Mendoza.

15. Vinho tinto de mistura (Syrah- Merlot-Cabernet Sauvignon), La Rioja.
16. Vinho tinto de mistura (Cabernet Sauvignon, Merlot), San Juan.

17. Vinho tinto de mistura (Cabernet Sauvignon, Tempranillo), San Luis.


## 2.3. Métodos de caraterização de Ag-NPs

### 2.3.1. Microscopia eletrónica de varrimento

#### *2.3.1.1.* Base teórica

Na microscopia eletrónica de varrimento (SEM), um feixe de electrões finos é focado na superfície de uma amostra sólida para obter imagens de alta resolução, com uma grande variedade de aplicações na investigação e análise de materiais. Este feixe é varrido num padrão de varrimento sobre a amostra por bobinas de varrimento, semelhante ao funcionamento de um tubo de raios catódicos num aparelho de televisão. Nos sistemas mais modernos, este varrimento é efectuado digitalmente para posicionar o feixe com precisão. Durante este processo, são gerados vários sinais a partir da superfície, tais como electrões retrodifundidos, secundários e Auger, juntamente com fotões de fluorescência de raios X emitidos pela amostra, que são utilizados na análise da superfície. No SEM, os electrões retrodifundidos e secundários são detectados e utilizados para a formação de imagens, enquanto muitos instrumentos também utilizam os fotões Auger para a análise de superfícies.

A instrumentação de um MEV inclui uma fonte de electrões, que é normalmente um filamento de tungsténio, embora também se utilizem canhões de emissão de campo para alta resolução. Os electrões são acelerados a uma energia entre 1 e 30 keV. O sistema magnético das lentes reduz o tamanho do ponto para um diâmetro de 2 a 10 nm na amostra. O varrimento é efectuado por bobinas electromagnéticas que desviam o feixe nas direcções x e y. Este varrimento é controlado pela aplicação de sinais eléctricos às bobinas, permitindo a irradiação de toda a amostra. As amostras não condutoras são frequentemente revestidas com uma película metálica fina para melhorar a condutividade eléctrica e térmica. As interações dos electrões com a amostra produzem diferentes sinais, tais como electrões retrodifundidos, electrões secundários e raios X, que são utilizados para a observação e análise da amostra. Os electrões secundários são detectados por um sistema fotomultiplicador de cintilação, enquanto os electrões retrodifundidos são detectados por um detetor de grande área ou por detectores semicondutores (Skoog, Holler, & Crouch, 2008).

### *2.3.1.2.* Condições de funcionamento

Para a análise microscópica, foi utilizado um Microscópio Eletrónico de Varrimento (SEM, LEO 1450VP, Zeiss) (Figura 10) para tirar as micrografias correspondentes e efetuar a análise química da composição das Ag-NPs. Além disso, o Image J (Schneider, Rasband, & Eliceiri, 2012) e o software OriginPro 9.1 foram utilizados para analisar a gama e a distribuição do tamanho das Ag-NPs, respetivamente.

## 2.3.2. Espectroscopia de raios X com dispersão de energia

### *2.3.2.1.* Base teórica

A espetroscopia dispersiva de energia de raios X (XEDS) é uma técnica analítica amplamente utilizada para determinar a composição química elementar de amostras sólidas. Baseia-se na excitação dos átomos da amostra por um feixe de electrões de alta energia, normalmente gerado num microscópio eletrónico de varrimento. Quando estes electrões interagem com os electrões das camadas internas dos átomos da amostra, podem ejetar electrões destas camadas internas, criando buracos electrónicos. Os electrões da camada superior podem então cair nestas posições vagas, libertando energia sob a forma de raios X caraterísticos dos elementos presentes na amostra.

Os espectrómetros de energia dispersiva são constituídos por três secções principais, que efectuam a excitação, a deteção, a dispersão e a leitura, respetivamente. Os raios X excitados na amostra são constituídos por muitos comprimentos de onda discretos e são emitidos em todas as direcções. O detetor recebe o feixe secundário não disperso que inclui todas as linhas excitadas de todos os elementos da amostra e converte cada fotão de raios X absorvido num impulso de corrente eléctrica cuja amplitude é proporcional à energia do fotão. A saída amplificada do detetor é então sujeita a uma seleção eletrónica da altura do impulso: os impulsos dos diferentes comprimentos de onda detectados são separados de acordo com a sua altura média de impulso, ou seja, de acordo com a energia dos fotões das linhas de raios

X correspondentes. A análise qualitativa por espetrometria de raios X resulta numa série de picos num gráfico, cada pico representando uma linha espetral de raios X de um elemento da amostra. A análise qualitativa por espetrometria de raios X resulta numa série de picos num gráfico, cada pico representando uma linha espetral de raios X de um elemento da amostra. A visualização é um gráfico de intensidade versus altura do impulso e, portanto, intensidade versus energia do fotão (Bertin, 1978).

### 2.3.2.2. Condições de funcionamento

Foi utilizado um espetrómetro de energia dispersiva (XEDS, Genesis 2000, EDAX) para a caraterização da composição (Figura 10).

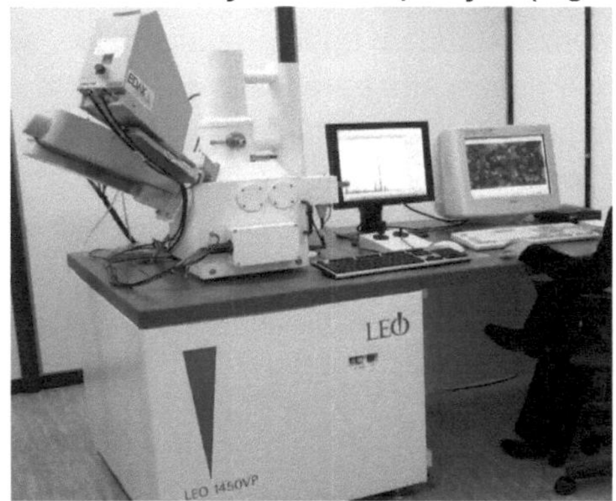

Figura 10: Equipamento XEDS acoplado ao SEM

## 2.4. Métodos espectroscópicos

### 2.4.1. Espectroscopia de fluorescência molecular

### 2.4.1.1. Base teórica

A luminescência é a emissão de luz de qualquer substância e é produzida a partir de estados eletronicamente excitados. É formalmente dividida em duas categorias, fluorescência e fosforescência, dependendo da natureza do estado excitado. Nos estados excitados singletos, o eletrão na orbital excitada está emparelhado (por spin oposto) com o segundo eletrão na orbital do estado fundamental. Consequentemente, o regresso ao estado fundamental é permitido pelo spin e ocorre rapidamente através da emissão de um fotão. Na fluorescência, a emissão espontânea de radiação ocorre dentro de alguns nanossegundos após a extinção da radiação excitante. As taxas de emissão de fluorescência são tipicamente $10^8$ s-$^1$, pelo que o tempo de vida típico da fluorescência é próximo de 10 ns (10 x 10-$^9$ s). O tempo de vida (r) de um fluoróforo é o tempo médio entre a sua excitação e o retorno ao estado fundamental (Lakowicz, 2006).

A Figura 11 mostra a sequência de passos envolvidos na fluorescência. A absorção inicial leva a molécula a um estado eletrónico excitado e, se o espetro de absorção fosse registado, seria semelhante ao mostrado na Figura 12a. As moléculas excitadas estão sujeitas a colisões com as moléculas circundantes e, à medida que cedem energia de forma não radiativa, descem a escada de níveis vibracionais até ao nível vibracional mais baixo do estado molecular excitado. As moléculas circundantes, no entanto, podem agora ser incapazes de aceitar a maior diferença de energia necessária para fazer descer a molécula ao estado eletrónico fundamental. Por conseguinte, a molécula pode sobreviver o tempo suficiente para sofrer uma emissão espontânea e emitir o excesso de energia restante sob a forma de radiação. A transição eletrónica descendente é vertical (de acordo com o princípio de Franck-Condon) e o espetro de fluorescência tem uma estrutura vibracional caraterística do estado eletrónico fundamental (Figura 12b).

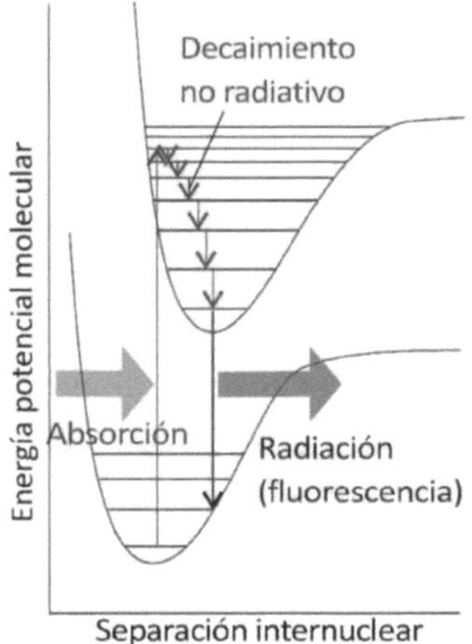


Figura 11: A sequência de passos que conduzem à fluorescência. Após a absorção inicial, os estados vibracionais superiores sofrem um decaimento não radiativo, cedendo energia ao meio envolvente. Segue-se uma transição radiativa do estado fundamental vibracional para o estado eletrónico excitado.

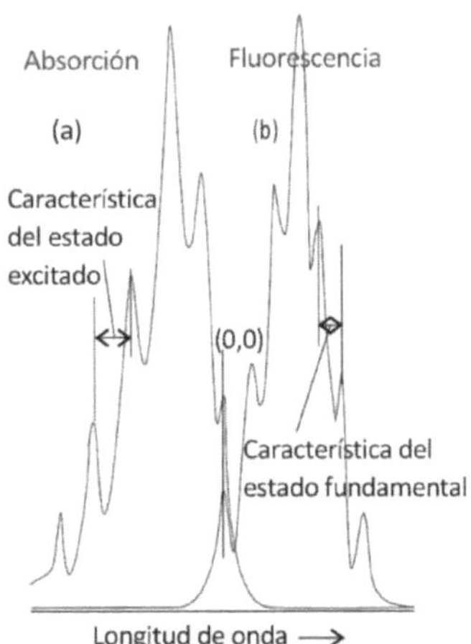


Figura 12: Um espetro de absorção (a) mostra uma estrutura vibracional caraterística do estado excitado. estrutura vibracional caraterística do estado excitado. Um espetro de fluorescência (b) mostra uma estrutura caraterística do estado fundamental; também está deslocado para frequências mais baixas (mas as transições 0-0 coincidem) e assemelha-se a uma imagem em espelho da absorção.

A fluorescência ocorre a frequências mais baixas (comprimentos de onda mais longos) do que a radiação incidente, porque a transição emissiva ocorre depois de alguma da energia vibracional ter sido descartada para o meio envolvente (Atkins & de Paula, 2006).Diagramas de níveis de energia para processos fotoluminescentes A Figura 13 mostra o diagrama parcial de níveis de energia, chamado diagrama de Jablonski, para uma dada molécula fotoluminescente. Neste diagrama, a linha horizontal inferior representa o nível de energia mais baixo (S0). As linhas superiores, S1, S2 e T1, representam o primeiro e o segundo estados excitados singleto e tripleto, respetivamente. A energia de um estado tripleto é mais baixa do que a do correspondente singleto excitado: ET1 - ES1. Para que a absorção de radiação ocorra, a energia do fotão excitante deve ser igual à diferença de energia entre o estado fundamental e um dos estados excitados singlete da molécula absorvente.

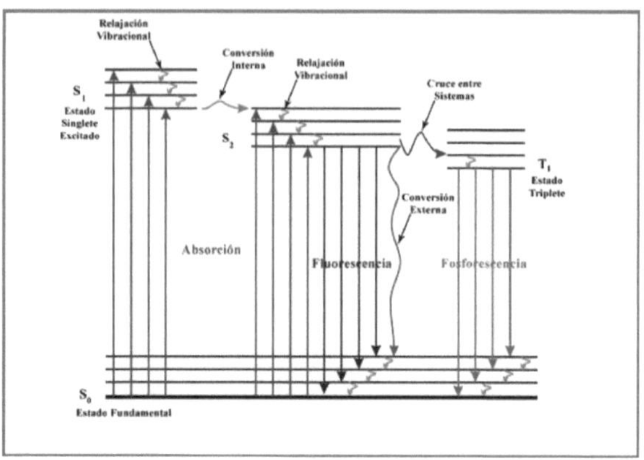



Figura 13: Diagrama de níveis de energia para processos de
fotoluminescência

Embora o processo de absorção da radiação seja extremamente rápido
(da ordem de $10^{-15}$ a $10^{-14}$ s), a sequência de processos de desativação
é geralmente mais lenta. Assim, o regresso ao estado fundamental
através da emissão luminescente é um dos processos mais lentos que
ocorrem a partir do estado eletrónico excitado, exigindo um tempo entre
$10^{-10}$ e $10^{-5}$ s para a fluorescência e entre $10^{-4}$ e 10 s para a
fosforescência. No entanto, o equilíbrio térmico é atingido rapidamente
e, consequentemente, os electrões estarão no estado vibracional de
mais baixa energia dentro do estado eletrónico excitado correspondente.
Assim, tanto a fluorescência como a fosforescência ocorrerão a partir do
estado vibracional mais baixo do estado eletrónico excitado, sendo este
um estado singleto para a primeira e um tripleto para a segunda. Uma
molécula excitada pode regressar ao seu estado fundamental através de
uma combinação de vários passos mecânicos. Assim, juntamente com
as etapas de desativação fotoluminescente que ocorrem através da
emissão de um fotão de radiação, podem ocorrer vários processos
concorrentes com a desativação por radiação. O caminho mais favorável
para o estado fundamental é aquele que minimiza o tempo de vida do
estado excitado.

Assim, se a desativação por fotoluminescência for mais rápida do que os
processos não radiativos, essa emissão será observada. Inversamente,
se a desativação não radiativa tiver uma constante de velocidade mais
favorável, o fenómeno fotoluminescente não se produzirá ou será fraco.
Por esta razão, é necessário conhecer as vias de desativação não

radiativa para tentar encontrar as condições em que estas abrandam até ao ponto de não competirem cineticamente com a emissão luminescente. A seguir, descrevem-se os mecanismos de desativação radiativa e não radiativa:

Relaxamento vibracional: durante um processo de excitação eletrónica, uma molécula pode mover-se para qualquer um dos vários estados vibracionais; no entanto, o excesso de energia vibracional é imediatamente perdido como resultado de colisões entre as moléculas da espécie excitada e as do meio envolvente. O resultado é uma transferência de energia que leva a um pequeno aumento da temperatura do sistema. Conversão interna: transição entre estados electrónicos da mesma multiplicidade por acoplamento vibracional. Trata-se de um processo intermolecular em que a molécula transita para um estado eletrónico de menor energia sem emissão de radiação, sendo particularmente eficaz quando dois níveis electrónicos de energia se encontram no mesmo nível energético. estão suficientemente próximos para que haja uma sobreposição de níveis de energia vibracional. Predissociação: neste caso, a transferência de conversão interna ocorre de um estado eletrónico superior para um nível vibracional superior do estado eletrónico inferior, o que pode ser energia suficiente para quebrar uma ligação na molécula. Dissociação: a radiação absorvida excita o eletrão de um cromóforo diretamente a um nível vibracional suficientemente elevado para provocar a quebra da ligação do cromóforo.Conversão externa: ocorre devido à interação e transferência de energia entre a molécula excitada e o solvente ou outros solutos. A evidência de conversão externa é vista no efeito acentuado que o solvente tem na intensidade da fluorescência. Cruzamento entre sistemas: processo em que o spin do eletrão excitado é invertido; a probabilidade desta transição aumenta se os níveis vibracionais dos dois estados se sobrepuserem, por exemplo, se o estado vibracional singleto inferior se sobrepuser a um dos níveis vibracionais tripleto superior, tornando assim mais provável uma mudança de spin (Skoog, Holler, & Crouch, 2008).


Dissipação de fluorescência

A intensidade da fluorescência pode ser diminuída por uma variedade de processos. Estas diminuições de intensidade são designadas por extinção. A extinção pode ocorrer por diferentes mecanismos. A extinção por colisão ocorre quando o fluoróforo no estado excitado é desativado quando entra em contacto com outra molécula em solução, designada por supressor. Neste caso, o fluoróforo regressa ao estado fundamental durante um encontro difusivo com o supressor. As moléculas não são alteradas quimicamente no processo. No caso da extinção por colisão, a diminuição da intensidade é descrita pela conhecida equação de Stern-Volmer (Equação ( 2 )):

$$\frac{F_0}{F} = 1 + k_q\, \tau_0\, [Q] = 1 + K_D\, [Q]$$

( 2 )

Nesta expressão, $F_O$ e F são as intensidades de fluorescência na ausência e na presença do supressor, respetivamente, $k_q$ é a constante de extinção bimolecular, $r_O$ é o tempo de vida sem supressão e [Q] é a concentração do supressor. A constante de extinção de Stern-Volmer é dada por KD = k rq $_O$ . Esta constante indica a sensibilidade do fluoróforo a um supressor. Um fluoróforo preso numa macromolécula é geralmente inacessível aos supressores solúveis em água, pelo que o valor de $K_D$ é baixo. Os valores de KD são mais elevados se o fluoróforo estiver livre em solução ou na superfície de uma biomolécula. Se a extinção for conhecida como dinâmica, a constante de Stern-Volmer é expressa como $K_D$ . Caso contrário, esta constante é escrita como $K_{SV}$ .

O mecanismo de extinção varia consoante o par de fluoróforos.

supressor. Para além da extinção por colisão, a extinção pode também ocorrer como resultado da formação de um complexo não fluorescente entre o fluoróforo e o supressor. Quando este complexo absorve luz, regressa imediatamente ao estado fundamental sem emissão de fotões (Figura 14). Este processo é designado por extinção estática, uma vez que ocorre no estado fundamental e não depende da difusão ou de colisões moleculares. Para a extinção estática, a dependência da intensidade de fluorescência com em relação à concentração do supressor é deduzida considerando a constante de associação ($K_S$ ) para a formação do complexo. Esta relação é dada pela equação ( 3 ):

$$\frac{F_0}{F} = 1 + K_S\,[Q]$$

(3)

Os dados de extinção são normalmente apresentados sob a forma de gráficos de $F_O$ /F versus [Q]. Tal deve-se ao facto de se esperar que a $F_O$ /F dependa linearmente da concentração do supressor. É importante reconhecer que a observação de um gráfico linear de Stern-Volmer não prova a ocorrência de extinção por colisão da fluorescência. Note-se que, na extinção estática, a dependência de $F_O$ /F em relação a [Q] é também linear, idêntica à observada na extinção dinâmica, exceto que a constante de extinção é agora a constante de associação. A menos que sejam fornecidas informações adicionais, os dados de extinção de fluorescência obtidos apenas por medições de intensidade podem ser explicados por processos dinâmicos e estáticos.

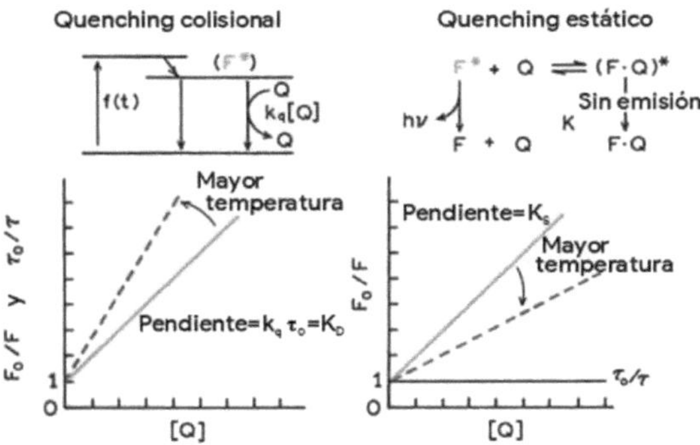


Figura 14: Comparação do arrefecimento dinâmico e estático.

A extinção estática e dinâmica pode ser distinguida pela sua diferente dependência da temperatura e da viscosidade ou, de preferência, por medições do tempo de vida. A temperaturas mais elevadas, a difusão é mais rápida e, por conseguinte, a extinção por colisão é mais elevada (Figura 14). Uma temperatura mais elevada conduz geralmente à dissociação de complexos fracamente ligados e, por conseguinte, a uma menor extinção estática (Lakowicz, 2006).

### 2.4.1.2. Condições de funcionamento

As medições de fluorescência foram efectuadas num espectrofluorómetro Shimadzu RF-5301 PC (figura 15) equipado com uma lâmpada de xénon de 150 W e um suporte de medição de fluorescência de fase sólida (figura 16).

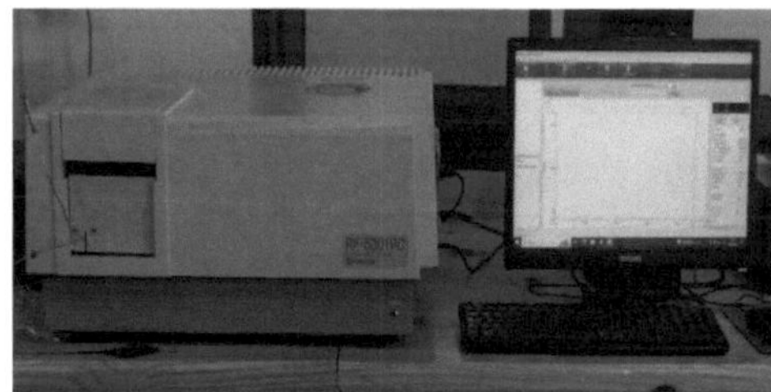

Figura 15: Equipamento de fluorescência

Figura 16: Dispositivo para amostras sólidas

Durante a avaliação das Ag-NPs como sensores fluorescentes para quantificação de Mn(II), alíquotas apropriadas de solução padrão de Mn(II) necessárias para atingir diferentes concentrações (0; 0,19; 0,23; 0,35; 0,47 e 0,61 µg L$^{-1}$) foram adicionadas a 1 mL de tampão fosfato e levadas a um volume final de 10 mL com água ultrapura. De seguida, foram homogeneizados com um agitador vortex e filtrados, com uma bomba de vácuo, através do suporte sólido previamente preparado com o nanomaterial revestido. Os suportes sólidos foram secos num exsicador à temperatura ambiente e, em seguida, o FFS foi medido a $\lambda$em = 502 nm ($\lambda$exc = 460 nm) utilizando um dispositivo de amostra sólida.Além disso, para verificar a dependência linear da fluorescência relativa da concentração de Mn(II), foram realizadas uma série de medições de FFS nos sistemas Ag-NPs/SDS com concentrações de Mn(II) de 0, 1,86, 3,92, 5,98 e 6,84 µg L-¹.

Metodologia proposta

O procedimento para a determinação de Mn(II) em amostras de vinho utilizando nanopartículas de prata revestidas com SDS como sensores fluorescentes consistiu nos seguintes passos (Figura 17): 100 µL de amostra e 1 mL de tampão fosfato foram colocados em tubos e, aplicando o método de adição padrão, foram adicionados os volumes necessários de solução padrão de Mn(II) para atingir concentrações agregadas finais de 0; 0,23 e 0,47 microgramas por litro. Em seguida, as amostras foram levadas a 10 ml com água ultrapura, homogeneizadas com um agitador vortex e filtradas através dos suportes sólidos com as nanopartículas revestidas com SDS utilizando uma bomba de vácuo. Os suportes sólidos foram então secos num exsicador à temperatura ambiente e os seus sinais de fluorescência (FFS) foram medidos a λem = 502 nm e λexc = 460 nm utilizando um suporte de medição de fluorescência em fase sólida.

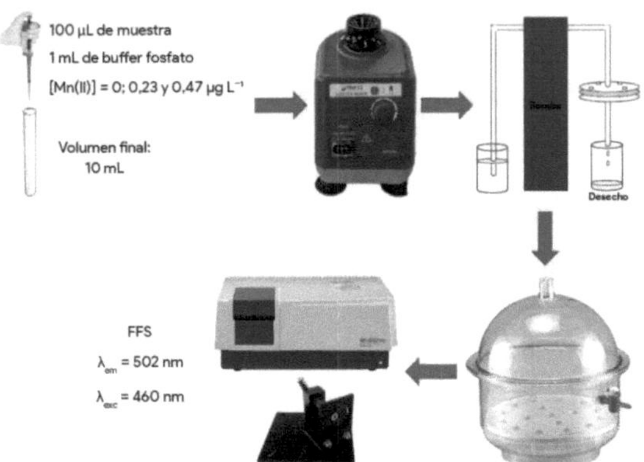


Figura 17: Esquema da metodologia proposta

## 2.4.2. Espectrometria de massa com plasma indutivamente acoplado

### 2.4.2.1. Base teórica

A espetrometria de massa com plasma indutivamente acoplado é uma técnica fundamental na análise elementar, conhecida pelos seus baixos limites de deteção para a maioria dos elementos, pelo seu elevado grau de seletividade e pela sua precisão e exatidão razoavelmente boas. Nesta técnica, uma tocha de plasma acoplado por indução funciona como atomizador e ionizador. A amostra é introduzida como solução por meio de um nebulizador normal ou ultrassónico. Nos instrumentos ICP-MS, os iões metálicos positivos gerados pela tocha de plasma acoplada por indução são recolhidos através de uma interface de vácuo diferencial ligada a um analisador de massa, geralmente quadrupolo. Os espectros assim produzidos, que são muito mais simples do que os espectros ópticos comuns de plasma com acoplamento por indução, consistem numa série simples de picos isotópicos para cada elemento presente. Estes espectros são utilizados para identificar os elementos presentes na amostra e para a determinação quantitativa. As análises quantitativas baseiam-se geralmente em curvas de calibração, nas quais a relação entre a contagem de iões da substância a analisar e a contagem de um padrão interno é representada em função da concentração.

Na instrumentação ICP-MS, a interface desempenha um papel decisivo no acoplamento da tocha de plasma, que funciona à pressão atmosférica, com o espetrómetro de massa, que requer pressões muito mais baixas. Este acoplamento é conseguido por meio de um acoplador de interface de vácuo diferencial, que inclui um cone de amostragem, arrefecido a água, e um escumador para encaminhar os iões para o espetrómetro de massa. Os espectrómetros de massa ICP-MS disponíveis no mercado podem abranger uma gama de massas de 3 a 300, com a capacidade de separar iões que diferem em m/z em apenas uma unidade. Além disso, possuem uma vasta gama dinâmica de seis ordens de grandeza. Mais de 90% dos elementos da tabela periódica podem ser determinados por este método, com tempos de medição de 10 segundos por elemento e limites de deteção entre 0,1 e 10 ng mL$^{-1}$ para a maioria dos elementos. Além disso, foram registados desvios-padrão relativos de 2-4% para concentrações nas regiões intermédias das curvas de calibração (Skoog, Holler, & Crouch, 2008).


### 2.4.2.2. Condições de funcionamento

Para as medições de validação, foi utilizado um espetrómetro de massa com plasma indutivamente acoplado (ICP-MS), PerkinElmer SCIEX, ELAN DRC-e (Thornhill, Canadá) (Figura 18). A Air Liquide (Córdova,

Argentina) forneceu gás árgon com uma pureza mínima de 99,996%. Um nebulizador de teflon de alto desempenho e resistente ao HF, modelo PFA-ST, foi acoplado a uma câmara de pulverização ciclónica de quartzo com deflector interno e linha de drenagem arrefecida com o sistema PC3 da ESI (Omaha, NE, EUA) (Quadro 1). Foi utilizada tubagem de bomba peristáltica Tygon preta/preta com 0,76 mm de diâmetro interno e 40 cm de comprimento. As condições do instrumento foram: modo de lente automática ligado, modo de medição de salto de pico, tempo de espera de 50 ms, 15 varrimentos/leitura, 1 leitura/replicado e 3 réplicas.

Quadro 1: Definições do instrumento e parâmetros de aquisição de dados para ICP-MS

| Taxa de absorção do amostra (µL min⁻¹) | 400 |
|---|---|
| Introdução da amostra | Nebulizador modelo PFA-ST |
| Potência de radiofrequência (W) | 1150 |
| Caudal de gás do nebulizador (mL min⁻¹) | 0,87 |
| Interface | Cones de Ni (coletor de amostras e escumadeira) |
| Modo padrão | 55Mn |
| Modo de digitalização | Salto de pico |
| Tempo de espera (ms) | 50 no modo normal |
| Número de réplicas | 3 |

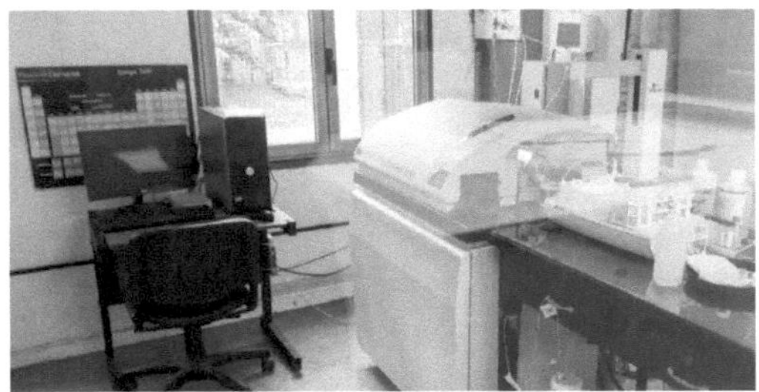

Figura 18: Equipamento ICP-MS

## 2.5. Estudo de recuperação

Foram adicionados padrões de quantidades crescentes de Mn(II) a volumes adequados de cada amostra em estudo. De acordo com a metodologia proposta, as concentrações dos analitos foram determinadas como a média de cinco réplicas (n = 5).

## 2.6. Estudo de precisão

A repetibilidade do método (precisão intra-dia) foi estudada por amostras replicadas (n = 5) contendo Mn(II) 0,23 e 0,47 µg L-¹, respetivamente, e o analito foi quantificado pela metodologia proposta. Além disso, a reprodutibilidade (precisão inter-dia) foi avaliada em 5 dias para os mesmos sistemas.

## 2.7. Estudo de interferências

Diferentes quantidades de íons potencialmente interferentes (NaʹA, KʹA, Cl-, Fe³ʹA, Zn²ʹA, Co²ʹA, COʹY²-, SOΩ²-, NOʹY-, Ni²ʹA, Cu²ʹA, Cd²ʹA, Ca²ʹA, Mg²ʹA, Sb³ʹA, As³ʹA, Al³ʹA e Pb²ʹA) à solução contendo 0.47 µg L-¹ de Mn(II) e aplicou-se a metodologia proposta. Além disso, para avaliar a potencial interferência de substâncias redutoras presentes no vinho, foram utilizados os seguintes reagentes: glucose, frutose, ácido cítrico, ácido tartárico e ácido málico. Estas soluções foram adicionadas à matriz da amostra para simular as condições do vinho e foram analisadas de acordo com a metodologia proposta. Todos os reagentes eram de qualidade analítica e as soluções padrão destes compostos foram preparadas dissolvendo quantidades adequadas em água ultrapura.

# CAPÍTULO 3
# RESULTADOS E DISCUSSÃO

Na avaliação das Ag-NPs preparadas como um potencial sensor fluorescente para a quantificação de Mn(II), foram projectados vários estudos. Era essencial considerar aspectos fundamentais, tais como a emissão adequada do suporte sólido, a emissão das Ag-NPs e o efeito da presença de Mn(II). Os resultados revelaram que apenas as Ag-NPs revestidas com SDS satisfaziam os critérios estabelecidos; a presença de Mn(II) causava um efeito de atenuação na emissão das Ag-NPs. Além disso, ao reter o nanomaterial em papel de filtro de banda azul, o sinal fluorescente foi localizado num comprimento de onda adequado, sem sobreposição espetral. Por conseguinte, os estudos subsequentes centraram-se na aplicação de Ag-NPs revestidas com SDS, em combinação com o procedimento EFS utilizando papel de filtro de banda azul como suporte, para a determinação FFS de Mn(II) em concentrações vestigiais.

## 3.1. Caracterização das Ag-NPs

### 3.1.1. Microscopia eletrónica de varrimento

Para a análise morfométrica dos descritores de forma das Ag-NPs, as nanopartículas observadas nas micrografias SEM foram analisadas e medidas (Figura 19). Nestas micrografias observa-se que as Ag-NPs exibem uma forma arredondada.

A análise morfométrica dos descritores de forma foi efectuada em 115 nanopartículas individuais e indicou que o diámetro de Ferret das nanopartículas era de 73,44 nm, apresentando uma distribuição Lorentziana (Figura 20).

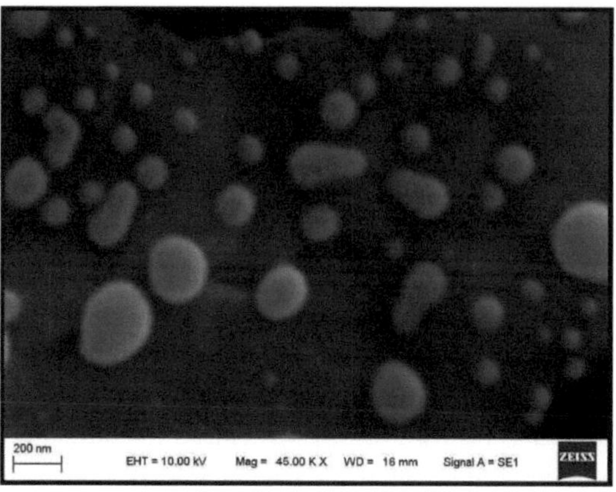


Figura 19: A micrografia SEM mostra a presença de nanopartículas com forma e tamanho arredondados.

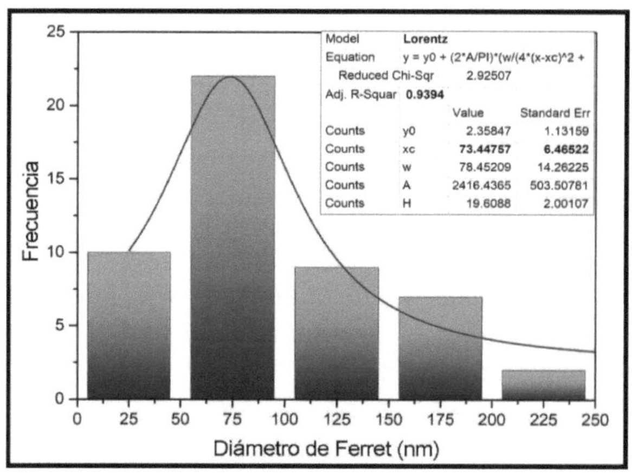


Figura 20: A distribuição do tamanho das Ag-NPs mostrou que o diâmetro de Ferret foi de 73,44 nm com uma distribuição Lorentziana.

### 3.1.2. Espectroscopia de raios X por dispersão de energia

A análise da composição das Ag-NPs mostra a presença de prata (Figura 21). As linhas azuis claras indicam as linhas XEDS da prata. Além disso, podem ser observadas linhas atribuídas a outros elementos, tais como Au, que foi utilizado como revestimento da amostra para a análise de MEV; Na, do SDS; e C, N e O, do suporte sólido e dos reagentes para a síntese das Ag-NPs.

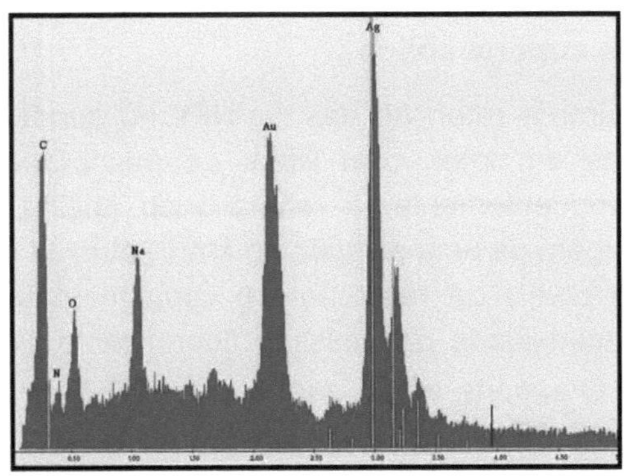

Figura 21: A análise XEDS mostrou a presença de prata no estudo da composição (as linhas azuis claras indicam linhas XEDS de prata).

## 3.2. Otimização das variáveis

A fim de estabelecer as condições experimentais óptimas para a quantificação de vestígios de Mn(II) utilizando AgNPs revestidas com SDS, foram efectuadas investigações sequenciais sobre parâmetros experimentais como o suporte Os parâmetros analíticos estudados para a metodologia proposta e os valores escolhidos como óptimos são apresentados no Quadro 2, que mostra os parâmetros analíticos estudados para a metodologia proposta e os valores escolhidos como óptimos. O quadro 2 mostra os parâmetros analíticos estudados para a metodologia proposta e os valores escolhidos como óptimos.

Quadro 2: Parâmetros experimentais para a determinação de Mn(II)

| Parâmetros | Gama estudada | Condições óptimas |
|---|---|---|
| Surfactantes (SDS, HTAB, Triton X-100) | $1\times10^{-8}$ - $1\times10^{-2}$ mol L$^{-1}$ | SDS $1\times10^{-6}$ mol L$^{-1}$ |
| Suporte sólido (Acetato de celulose, Nylon, Teflon, Papel de filtro) | - | Papel de filtro de banda azul |
| Tempo de mergulho | 5 - 300 s | 20 s |
| pH | 4 - 10 | 8,0 |
| Tampões (Tris, Fosfato, Tetraborato de Sódio, Biftalato de Potássio e Acético/Acetato) | $1\times10^{-4}$ - $1\times10^{-2}$ mol L$^{-1}$ | Tampão fosfato |
| Concentração do tampão fosfato | $5\times10^{-5}$ - $5\times10^{-4}$ mol L$^{-1}$ | $2,5\times10^{-4}$ mol L$^{-1}$ |

### *3.2.1.* Seleção do suporte sólido

A fim de assegurar a retenção das Ag-NPs no suporte sólido, foram efectuados testes em lotes com filtros de membrana de diferentes naturezas. Subsequentemente, a retenção do analito foi investigada através da passagem de uma solução de Mn(II) através das membranas pré-tratadas. Os níveis de retenção em cada material testado foram avaliados pela intensidade da emissão fluorescente ($\lambda$exc = 460 nm; $\lambda$em = 502 nm). O suporte sólido para a etapa EFS foi escolhido tendo em conta a retenção analítica quantitativa e a menor emissão fluorescente de fundo, a fim de evitar interferências espectrais com a emissão do nanomaterial. Os melhores resultados foram obtidos utilizando papel de filtro de banda azul.

### *3.2.2.* Tempo de mergulho

De forma a estudar a influência do tempo de imersão do suporte sólido na solução de Ag-NPs/SDS, foram realizados testes em que as variáveis experimentais se mantiveram constantes à exceção deste parâmetro. O período de tempo em estudo foi de 0 a 300 segundos, obtendo-se uma melhor intensidade de fluorescência aos 20 segundos. Observou-se que após 100 segundos a intensidade fluorescente se manteve constante (Figura 22).

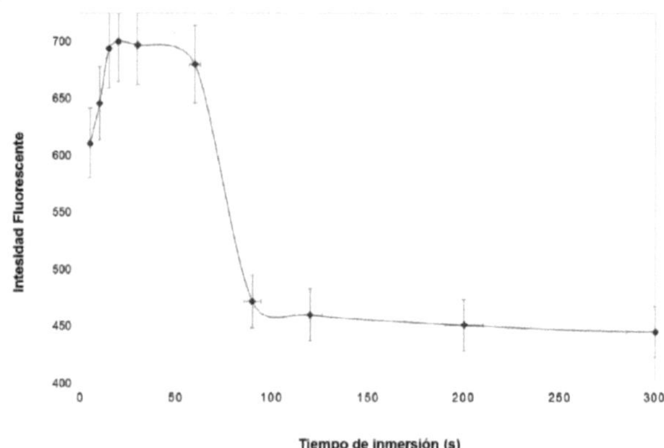


Figura 22: Otimização do tempo de imersão das Ag-NPs/SDS em papel de filtro.

42

### *3.2.3.* Natureza e concentração do tensioativo

Para estudar a influência do tensioativo, foi medida a fluorescência das Ag-NPs revestidas com HTAB, SDS e Triton X-100. Os espectros obtidos com Triton X-100 (não-iónico; Figura 23) e HTAB (catiónico; Figura 24) apresentaram problemas de reprodutibilidade e linearidade, pelo que foram considerados inadequados para análise. Especificamente, com o Triton X-100, a turvação do sistema impediu a visualização dos espectros devido à não linearidade da absorção da luz, ou seja, a lei de Lambert-Beer não foi cumprida, enquanto com o HTAB foram observadas variações erráticas no sinal, mostrando tanto a exaltação como a extinção na presença de manganês. Em contrapartida, o SDS (aniónico; Figura 25) apresentou uma elevada reprodutibilidade em determinações sucessivas. Além disso, quando as Ag-NPs revestidas com SDS foram utilizadas para estudar o efeito do Mn(II), observou-se um fenómeno de extinção. Isto significa que a sua presença causou uma diminuição da intensidade de fluorescência, dando os resultados mais satisfatórios. Por conseguinte, a seleção do SDS é justificada pela consistência e qualidade dos resultados obtidos.

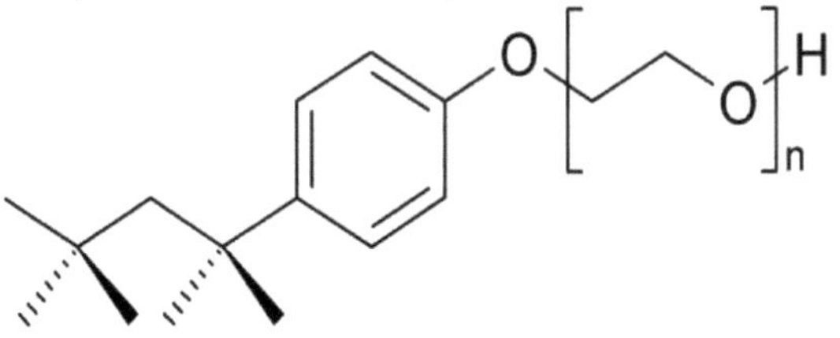

Figura 23: Tritão X-100. n = 9 ou 10

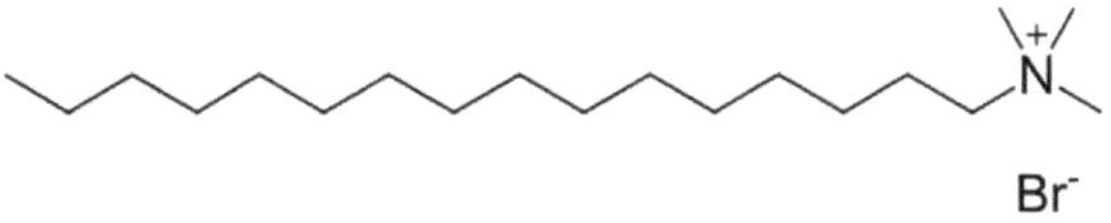

Figura 24: Brometo de hexadeciltrimetilamónio

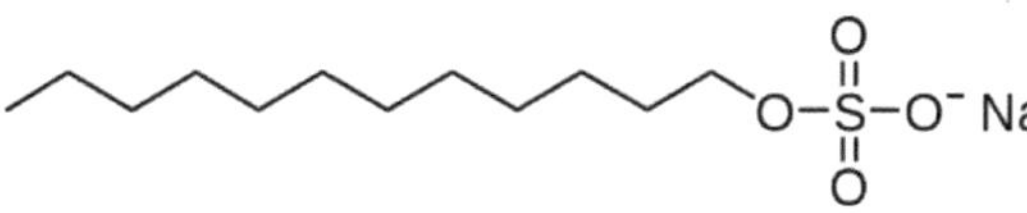

Figura 25: Dodecilsulfato de sódio

### 3.2.4. pH

O valor do pH desempenha um papel importante na formação de associações metálicas. Os resultados são ilustrados na Figura 26; perto do pH 8,0, foi obtido um efeito de extinção máximo no sinal fluorescente. Devido a este comportamento, o valor de pH de 8,0 foi selecionado como o valor de trabalho para as experiências seguintes.

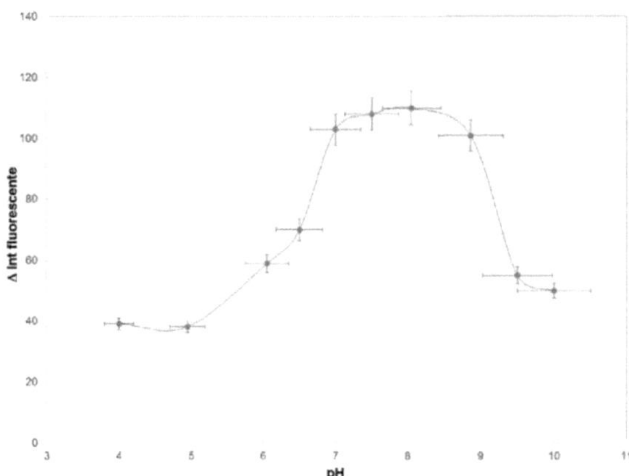

Figura 26: Otimização do pH. Condições FFS: λem = 502 nm; λexc = 460 nm; Suporte sólido = Ag-NPs/SDS papel de filtro; [Mn(II)]; [Mn(II)]; [Mn(II)]; [Mn(II)]; [Mn(II)]; [Mn(II)]. = 0,47 µg L-¹; [Tampão] = 2,5×10⁻⁴ mol L-¹.

### 3.2.5. Natureza e concentração do tampão

A fim de estudar o efeito dos diferentes agentes reguladores do pH, foram efectuados vários ensaios em que todas as variáveis experimentais foram mantidas constantes, exceto o tipo e a concentração da solução tampão. O comportamento do sistema foi estudado para os tampões Tris, fosfato, tetraborato de sódio, biftalato de potássio e acético/acetato na gama de concentrações do tampão: $1\times10^{-5}$ - $1\times10^{-2}$ mol L-¹, os melhores resultados em termos de estabilidade e sensibilidade foram obtidos com o tampão fosfato. A fim de estudar o efeito da concentração deste tampão no sistema, foram analisadas concentrações na gama de $5\times10^{-5}$ - $5\times10^{-4}$ mol L-¹. Os melhores resultados em termos de estabilidade e sensibilidade do sistema foram obtidos para concentrações de $2,5\times10^{-4}$ mol L-¹ (Figura 27).

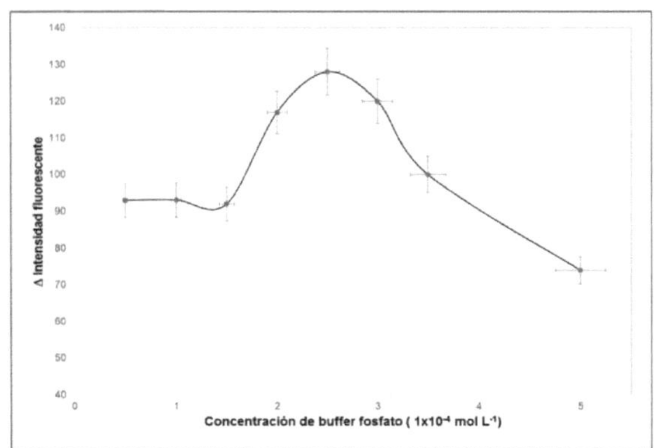

Figura 27: Otimização da concentração do tampão de fosfato.
Condições FFS: λem = 502 nm; λexc = 460 nm; Suporte sólido = Ag-
NPs/SDS papel de filtro; [Mn(II)] = 0,47 µg L-¹, pH = 8,0.

## 3.3. Estudo do efeito de arrefecimento

Os estudos espectrais dos nanomateriais sintetizados e derivados foram efectuados por fluorescência em fase sólida. Os máximos de excitação e emissão foram observados a 460 e 502 nm, respetivamente. Foi evidente um fenómeno de extinção no sinal fluorescente das Ag-NPs/SDS com o aumento da concentração de Mn(II) (Figura 28).

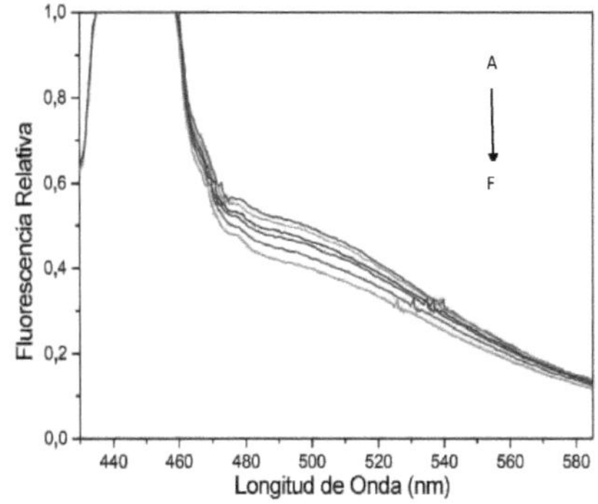

Figura 28: Espectros de fluorescência de sistemas Ag-NPs revestidos com SDS/Mn(II). Condições FFS: λem = 502 nm; λexc = 460 nm; Suporte sólido = Papel de filtro com Ag-NPs/SDS; [Mn(II)] = [Mn(II)] = [Mn(II)] = [Mn(II)].0,47 µg L-¹; [Fosfato tampão] = 2,5×10⁻⁴ mol L-¹, pH = 8,0.

- A: Papel de filtro com Ag-NPs/SDS.

- B: Idem A com Mn(II) 0,19 µg L⁻¹.

- C: Idem A com Mn(II) 0,23 µg L⁻¹.

- D: Idem A com Mn(II) 0,35 µg L⁻¹.

- E: Idem A com Mn(II) 0,47 µg L⁻¹.

- F: Idem A com Mn(II) 0,61 µg L⁻¹.

O efeito de atenuação causado pelo Mn(II) na emissão de fluorescência das Ag-NPs/SDS foi corretamente descrito pela equação de Stern-Volmer (Equação ( 2 )), traçando $F_O$ /F [Mn(!!)] para confirmar a dependência linear: versus

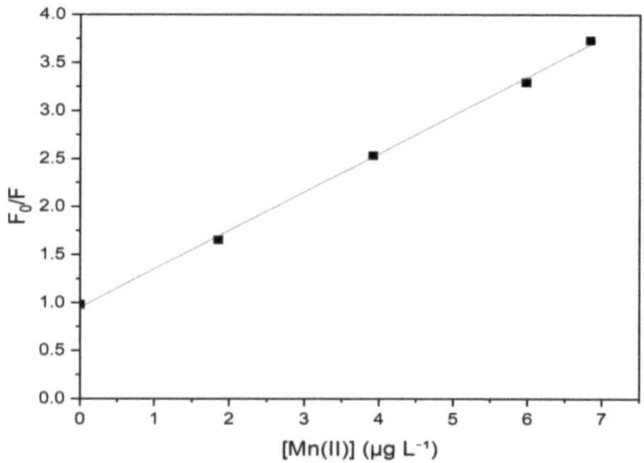


Figura 29: Gráfico da equação de Stern-Volmer

No entanto, os resultados de extinção da fluorescência obtidos podem ser explicados tanto por processos dinâmicos como estáticos. Para determinar o mecanismo subjacente à extinção, são necessários mais estudos que analisem a dependência da temperatura ou meçam os tempos de vida da fluorescência. Estes estudos seriam essenciais para distinguir entre mecanismos dinâmicos e estáticos envolvidos no efeito de extinção.

## 3.4. Parâmetros analíticos da metodologia desenvolvida

A tabela 3 resume os parâmetros de qualidade para a determinação de Mn(II) utilizando Ag-NPs/SDS como sensor. O limite de deteção (LOD) (Equação ( 4 )) e o limite de quantificação (LOQ) (Equação ( 5 )) foram calculados como:

$$LOD = 3{,}3 \, \frac{s}{m} \quad (4)$$

$$LOQ = 10 \, \frac{s}{m} \quad (5)$$

onde s é o desvio padrão de 10 determinações sucessivas em branco e m é a inclinação da curva de calibração (sensibilidade de calibração) (Kubatova's Research Group, 2014).A linearidade do método foi avaliada por meio do coeficiente de regressão linear ($R^2$ ) da curva de calibração, sendo considerado aceitável quando $R^2$ > 0,995. É notável a adequada faixa linear obtida, com um LOQ que permite a determinação precisa de concentrações de Mn(II) na ordem de µg L-¹.
Isto é conseguido graças à combinação da nova estratégia do nanosensor sintetizado com uma metodologia instrumental altamente sensível, como a fluorescência em fase sólida. Em condições de trabalho ideais, foi alcançado um limite de deteção (LOD) de 0,065 µg L-¹ e um limite de quantificação (LOQ) de 0,194 µg L-¹, com uma faixa linear de 0,194 - 751,70 µg L-¹.

Tabela 3: Parâmetros analíticos para a determinação de Mn(II) pela metodologia desenvolvida.

| Parâmetros | Mn(II) (µg L-¹) |
|---|---|
| LOD | 0,064 µg L-¹ |
| LOQ | 0,194 µg L-¹ |
| Gama linear | 0,194 - 751,70 µg L-¹ |
| R2 | 0,9978 |

O quadro 4 apresenta diferentes metodologias publicadas para a determinação de vestígios de Mn(II) em diferentes amostras e a metodologia proposta, com os respectivos parâmetros de qualidade analítica, como a gama linear, os limites de deteção e quantificação, os coeficientes de variação (CV) e o tipo de amostras em que foram aplicadas.

Quadro 4: Métodos para a determinação de Mn(II) em diferentes amostras

| Metodologia | Parâmetros analíticos | Referências |
|---|---|---|
| Espectrofluorimetria com 2-(α-piridil)-tioquinaldinamida | Gama linear: 0.01 - 800 µg L-1<br>LOD: 1 ng L-1<br>LOQ: 10 ng L-1<br>CV: 0 - 2% CV: 0 - 2%<br>CV: 0 - 2% CV: 0 - 2%<br>CV: 0 - 2% CV: 0 - 2%<br>CV: 0<br>Amostras: ambientais, biológicas, de solos, alimentares e farmacêuticas. | (Herrero-Latorre, Álvarez-Méndez, Barciela-García, García-Martín, & Peña-Crecente, 2012) |
| Elétrodo de diamante dopado com boro, voltametria. | Gama linear: 1×10-11 - 3×10-7 mol L-1 LOD: 1×10-11 mol L-1<br>Amostras: chá. | (Ghorbani-Kalhor, Behbahani, & Abolhasani, 2015). |
| Pontos quânticos de carbono funcionalizados com histidina, fluorescência. | Gama linear: 3,5 - 35,5 µg L-1 LOD: 1,85 µg L-1<br>Amostras: sangue total. | (Barbir, et al., 2021). |
| N-acetilcisteína em nanotubos de carbono clorofuncionalizados de paredes múltiplas (MWCNTs@NAC). EFS acoplado ao AT-FAAS. | Gama linear: 0.48 - 36 µg L-1 LOD: 0,12 µg L-1 LOQ: 0,48 µg L-1 CV: < 5%.<br>Amostras: água, alimentos e legumes. | (Xia, Xiong, Lim, & Skrabalak, 2008) |
| Espectrometria de emissão ótica por plasma induzido por micro-ondas | LOD: 0,15 µg L-1 LOQ: 0,5 µg L-1 CV: < 0,8%.<br>Amostras: vinho. | (Neal & Guilarte, 2013) |
| Metodologia proposta | Gama linear: 0.194 - 751,70 µg L-1 LOD: 0,064 µg L-1 LOQ: 0,194 µg L-1 R2 : 0,9978<br>Amostras: vinho. | |

As figuras de mérito da presente metodologia mostram que esta é comparável aos métodos convencionais de análise deste analito (Tabela 4), com vantagens adicionais como os procedimentos experimentais com baixa geração de resíduos, a utilização de reagentes (maioritariamente) não tóxicos e a utilização de um instrumento relativamente barato, como o espectrofluorómetro, na fase de determinação. Estas caraterísticas permitem que a nova metodologia seja enquadrada na química analítica verde, uma vez que cumpre alguns dos seus objectivos fundamentais.

## 3.5. Estudo de interferências

Foi estudado o efeito da presença de iões potencialmente interferentes na quantificação de Mn(II). Um determinado ião foi considerado interferente quando gerou uma variação no sinal fluorescente do analito superior a ± 5%. Em condições óptimas, Na+, K+, Cl-, $Fe^{3+}$, $Zn^{2+}$, $Co^{2+}$, $CO^{2-}$, $SO^{2-}$, NO'Y-, $Ni^{2+}$ e $Cu^{2+}$ podem estar presentes até um excesso de 1000:1 em relação ao Mn(II); $Cd^{2+}$, $Ca^{2+}$, $Mg^{2+}$, $Sb^{3+}$ e $As^{3+}$ podem estar presentes até um excesso de 100:1 em relação ao Mn(II), enquanto $Al^{3+}$ e $Pb^{2+}$ podem estar presentes até um excesso de 50:1 em relação ao Mn(II) sem interferir. Os quadros 5 e 6 apresentam os resultados de tolerância obtidos para um grupo de iões habitualmente presentes nas amostras de vinho. Os resultados obtidos mostram que a metodologia proposta é bem tolerada.

Tabela 5: Limites de tolerância das espécies interferentes na determinação de Mn(II).

| Rácio interferente/Mn(II) | Espécies interferentes |
|---|---|
| 1000:1 | Na+, K+, Cl-, $Fe^{3+}$, $Zn^{2+}$, $Co^{2+}$, $CO^{2-}$, $SO\Omega^{2-}$, NO'Y-, $Ni^{2+}$, $Cu^{2+}$ |
| 100:1 | $Cd^{2+}$, $Ca^{2+}$, $Mg^{2+}$, $Sb^{3+}$, $As^{3+}$, $Cd^{2+}$, $Ca^{2+}$, $Mg^{2+}$, $Sb^{3+}$, $As^{3+}$ |
| 50:1 | $Al^{3+}$, $Pb^{2+}$ |

Condições FFS: ☐em = 502 nm; ☐exc = 460 nm; Suporte sólido = papel de filtro com Ag-NPs/SDS; [Mn(II)] = 0,47 µg L-¹; [tampão fosfato] = $2,5\times10^{-4}$ mol L-¹, pH = 8,0.

Dada a complexidade da matriz da amostra, as substâncias redutoras presentes no vinho, tais como a glicose, a frutose, os ácidos cítrico, tartárico e málico, foram também examinadas como possíveis agentes interferentes, numa proporção de 100:1. Após a avaliação dos agentes redutores, não se observou qualquer indício de interferência no sinal FFS esperado. Com base nestes resultados, pode concluir-se que a metodologia proposta apresenta uma tolerância adequada para a quantificação de Mn(II). Também é importante ressaltar a viabilidade da especiação de Mn(II) inorgânico, uma vez que os testes realizados indicaram que outros estados de oxidação não reagem com este nanomaterial.

Tabela 6: Estudo Jammer

| Íon | Δ Fluorescente | %CV |
|---|---|---|
| $CO^{2-}$ | 0,21 | 0,23 |
| $SO^{2-}$ | 1,12 | 0,15 |
| $NÃO^{-}$ | 3,14 | 0,34 |
| $CH\ COO^{-}$ | 0,33 | 0,21 |
| $Cl^{-}$ | 0,02 | 0,19 |
| $K^{+}$ | 0,67 | 0,12 |
| $Na^{+}$ | 1,55 | 0,15 |
| $Zn^{2+}$ | 2,17 | 0,37 |
| $Fe^{3+}$ | 3,24 | 0,22 |
| $Ca^{2+}$ | 4,61 | 0,16 |
| $Sb^{3+}$ | 3,89 | 0,63 |
| $Pb^{2+}$ | 3,31 | 0,41 |
| $Cd^{2+}$ | 2,77 | 0,22 |
| $Mg^{2+}$ | 2,45 | 0,29 |
| $Al^{3+}$ | 1,89 | 0,17 |
| $Cu^{2+}$ | 1,77 | 0,05 |
| $Ni^{2+}$ | 1,90 | 0,27 |
| $As^{3+}$ | 0,13 | 0,09 |
| $Co^{2+}$ | 0,98 | 0,17 |

## 3.6. Determinação do manganês (II) em amostras de vinho

### 3.6.1. Ensaio de diluição

A fim de determinar o volume adequado de cada amostra de vinho para a quantificação de Mn(II), foram avaliados diferentes volumes de amostra. A diluição adequada para cada amostra foi aquela cujas intensidades de sinal estavam dentro da gama de linearidade da metodologia desenvolvida. A diluição de 100 µL foi selecionada para estudos posteriores.

### 3.6.2. Quantificação de Mn(II)

Utilizando os dados de $F_0$ da avaliação das Ag-NPs como sensores fluorescentes para a quantificação de Mn(II) e a fluorescência dos suportes sólidos através dos quais as amostras foram filtradas, foi calculada a fluorescência relativa. Em seguida, seguindo as diretrizes do método de adição padrão, foram calculadas as fluorescências relativas. gráficos de $F_0$/F versus concentração de Mn(II) adicionado, é

foram obtidas e extrapoladas para y = 0 para determinar as concentrações desconhecidas de Mn(II). Por fim, foram efectuados cálculos, considerando a diluição, para obter as concentrações de Mn(II) nas amostras de vinho analisadas.

A Tabela 7 apresenta as concentrações dos analitos encontrados e os respetivos coeficientes de variação, bem como os resultados obtidos na sua análise por ICP-MS. Para o estudo de recuperação, o número de réplicas (n) foi de 5 e a percentagem de recuperação foi calculada pela Equação ( 6 ):

$$\%\text{Recuperación} = 100 * \frac{\text{Valor encontrado} - \text{Valor base}}{\text{Valor adicionado}} \tag{6}$$

Quadro 7: Concentrações de Mn(II) em amostras de vinhos produzidos e comercializados na região centro-oeste da Argentina

| Amostra | Mn(II) agregado ($\mu$g L$^{-1}$) | Metodologia proposta | | Validação ICP-MS |
|---|---|---|---|---|
| | | Mn(II) encontrado ± CV ($\mu$g L$^{-1}$) | % Recuperação (n=5) | Mn(II) encontrado ± SD ($\mu$g L$^{-1}$) |
| | - | 0,872 ± 0,05 | - | 0,854 ± 0,030 |
| 1 | 0,23 | 1,104 ± 0,03 | 100,87 | |
| | 0,47 | 1,340 ± 0,04 | 99,57 | |
| | - | 0,974 ± 0,05 | - | 0,966 ± 0,050 |
| 2 | 0,23 | 1,206 ± 0,05 | 100,87 | |
| | 0,47 | 1,447 ± 0,05 | 100,64 | |
| | - | 0,954 ± 0,01 | - | 0,933 ± 0,010 |
| 3 | 0,23 | 1,182 ± 0,07 | 99,13 | |
| | 0,47 | 1,425 ± 0,02 | 100,21 | |
| | - | 0,871 ± 0,05 | - | 0,863 ± 0,020 |
| 4 | 0,23 | 1,105 ± 0,07 | 101,74 | |
| | 0,47 | 1,339 ± 0,03 | 99,57 | |
| | - | 0,998 ± 0,02 | - | 0,955 ± 0,011 |
| 5 | 0,23 | 1,226 ± 0,03 | 99,13 | |
| | 0,47 | 1,465 ± 0,01 | 99,36 | |
| | - | 0,903 ± 0,09 | - | 0,894 ± 0,020 |
| 6 | 0,23 | 1,132 ± 0,07 | 99,57 | |
| | 0,47 | 1,375 ± 0,01 | 100,43 | |
| | - | 0,513 ± 0,08 | - | 0,501 ± 0,023 |
| 7 | 0,23 | 0,740 ± 0,02 | 98,70 | |
| | 0,47 | 0,986 ± 0,03 | 100,64 | |
| | - | 0,607 ± 0,06 | - | 0,609 ± 0,019 |
| 8 | 0,23 | 0,833 ± 0,04 | 98,26 | |
| | 0,47 | 1,079 ± 0,05 | 100,43 | |

|  | - | 0,643 ± 0,03 | - | 0,712 ± 0,015 |
|---|---|---|---|---|
| 9 | 0,23 | 0,877 ± 0,01 | 101,74 |  |
|  | 0,47 | 1,112 ± 0,03 | 99,79 |  |
|  | - | 0,413 ± 0,08 | - | 0,398 ± 0,012 |
| 10 | 0,22 | 0,650 ± 0,02 | 107,73 |  |
|  | 0,44 | 0,849 ± 0,07 | 99,09 |  |
|  | - | 0,017 ± 0,07 | - | 0,041 ± 0,021 |
| 11 | 0,11 | 0,126 ± 0,06 | 99,09 |  |
|  | 0,22 | 0,237 ± 0,06 | 100,00 |  |
|  | - | 0,057 ± 0,01 | - | 0,079 ± 0,020 |
| 12 | 0,11 | 0,168 ± 0,07 | 100,91 |  |
|  | 0,22 | 0,276 ± 0,09 | 99,55 |  |
|  | - | 1,022 ± 0,07 | - | 1,019 ± 0,011 |
| 13 | 0,23 | 1,250 ± 0,03 | 99,13 |  |
|  | 0,47 | 1,495 ± 0,08 | 100,64 |  |
|  | - | 1,130 ± 0,07 | - | 1,008 ± 0,030 |
| 14 | 0,23 | 1,380 ± 0,02 | 108,70 |  |
|  | 0,47 | 1,580 ± 0,06 | 95,74 |  |
|  | - | 0,998 ± 0,09 | - | 0,995 ± 0,026 |
| 15 | 0,23 | 1,225 ± 0,01 | 98,70 |  |
|  | 0,47 | 1,469 ± 0,01 | 100,21 |  |
| 16 | - | 1,113 ± 0,08 | - | 1,096 ± 0,018 |
|  | 0,23 | 1,346 ± 0,03 | 101,30 |  |
|  | 0,47 | 1,581 ± 0,02 | 99,57 |  |
|  | - | 1,090 ± 0,08 | - | 1,074 ± 0,021 |
| 17 | 0,23 | 1,347 ± 0,07 | 111,74 |  |
|  | 0,47 | 1,554 ± 0,04 | 98,72 |  |

As amostras de vinho correspondem a:

1. Vinho tinto (Cabernet Sauvignon), San Juan.

2. Vinho tinto (Cabernet Sauvignon), San Luis.

3. Vinho tinto (Cabernet Sauvignon), La Rioja.

4. Vinho tinto (Malbec), Mendoza.

5. Vinho tinto (Merlot), San Juan.

6. Vinho tinto (Tempranillo), San Juan.

7. Vinho branco (Semillon, Sauvignon Blanc), Mendoza.

8. Vinho branco (Tocai, Viognier, Chardonnay e Sauvignon Blanc), San Juan.

9. Vinho branco (Chardonnay e Sauvignon Blanc), La Rioja.

10. Vinho branco (Malbec- Pinot Noir) Mendoza.

11. Vinho branco - rosé (Tannat, Malbec, Syrah), Mendoza.

12. Vinho branco - rosé (Tannat, Malbec, Pinot), San Juan.

13. Vinho tinto de mistura (Syrah- Merlot), Mendoza.

14. Vinho tinto de mistura (Cabernet Sauvignon, Merlot), Mendoza.

15. Vinho tinto de mistura (Syrah- Merlot-Cabernet Sauvignon), La Rioja.

16. Vinho tinto de mistura (Cabernet Sauvignon, Merlot), San Juan.

17. Vinho tinto de mistura (Cabernet Sauvignon, Tempranillo), San Luis.
A análise dos metais nos vinhos é de grande importância para a avaliação da autenticidade e o controlo da qualidade. A presença de diferentes elementos pode influenciar o processo de vinificação ou alterar o sabor e a qualidade do vinho. O método desenvolvido foi aplicado para a determinação de Mn(II) em 17 amostras de diferentes tipos de vinhos da região centro-oeste da Argentina.

### 3.6.3. Análise estatística

A quantificação do metal foi alcançada em todas as amostras analisadas, com maiores concentrações de Mn(II) nos cortes de vinho tinto e blend. Por outro lado, foram observadas concentrações mais baixas de manganês (II) nas amostras de vinho branco e rosé.A análise estatística pelo teste t mostrou que os vinhos tintos e blends apresentam concentrações mais elevadas com uma diferença altamente significativa ($p < 0,001$) em comparação com as determinadas nos vinhos brancos e rosés. Além disso, existe uma diferença significativa ($p < 0,01$) entre os vinhos branco e rosé, bem como entre o tinto e o lote (Tabela 8).

Tabela 8: Análise estatística das concentrações de Mn(II) encontradas nas amostras estudadas.

| Amostra | Media | DE |
|---|---|---|
| Vermelho | 0,92833 | 0,05464 b |
| Branco | 0,58767 | 0,06712 a |
| Cor-de-rosa | 0,40367 | 0,00862 a,b |
| Mistura | 1,0706 | 0,05774 |

Os valores são expressos como média ± DP (desvio padrão).[a] $p < 0,001$, vinho tinto vs. vinho branco; vinho tinto vs. vinho rosé; blend vs. vinho branco; blend vs. vinho rosé.[b] $p < 0,01$, vinho branco vs. vinho rosé; blend vs. vinho rosé.

Para avaliar a repetibilidade (precisão intra-dia) do método, foram analisadas amostras de vinho ($n = 5$) segundo a metodologia proposta, tendo-se obtido um CV de 3,01%. Por outro lado, a reprodutibilidade (precisão inter-dia) foi avaliada durante 5 dias, efectuando determinações diárias, obtendo-se um CV de 5,80%. Os resultados mostraram uma precisão e concordância adequadas, sugerindo que o método proposto é adequado para a determinação de Mn(II) nas amostras analisadas. Os resultados de recuperação obtidos para cada amostra são apresentados na Tabela 7. A veracidade do método foi verificada pela aplicação de uma metodologia de referência (ICP-MS), obtendo-se resultados satisfatórios.Os resultados dos teores de Mn(II) em amostras replicadas (n = 5) pelo método proposto e pela técnica ICP-MS foram comparados pelo teste t e não foram encontradas diferenças significativas (p " 0,05).

# CAPÍTULO 4
## CONCLUSÕES

Este estudo apresenta uma metodologia alternativa, simples, precisa e economicamente viável para a deteção de vestígios de Mn(II) utilizando nanopartículas de prata (Ag-NPs) revestidas com dodecilsulfato de sódio (SDS) e deteção por fluorescência em fase sólida. Através do desenvolvimento e da otimização desta metodologia, foi possível estabelecer parâmetros ópticos que garantem a precisão e a sensibilidade do método, o que o torna uma ferramenta valiosa para a monitorização de metais enológicos. A aplicação da fluorescência molecular nesta investigação demonstrou múltiplas vantagens analíticas, tais como elevada sensibilidade, seletividade adequada e uma ampla gama linear. A retenção e a pré-concentração do Mn(II) em papel de filtro revelaram-se ferramentas eficazes para a determinação exacta deste analito nas amostras analisadas. Neste sentido, a escolha do papel de filtro como suporte sólido e o tempo de imersão ótimo de 20 segundos foram necessários para maximizar a eficiência do nanosensor. A utilização do SDS como surfactante foi justificada pela sua elevada reprodutibilidade e consistência nos resultados, destacando-se de outros agentes como o HTAB e o Triton X-100. Da mesma forma, o pH ótimo para o sistema foi determinado em 8,0, uma vez que neste valor foi observado o maior efeito de quenching no sinal fluorescente, com uma concentração adequada de tampão fosfato que garantiu a estabilidade do sistema.

O fenómeno de extinção observado no sinal fluorescente com o aumento da concentração de Mn(II) permitiu a quantificação do ião nas amostras. Os estudos dos parâmetros analíticos demonstraram que o método desenvolvido possui um limite de deteção (LD) de 0,065 µg L⁻¹ e um limite de quantificação (LQ) de 0,194 µg L⁻¹, com uma faixa linear de 0,194 a 751,70 µg L⁻¹. A precisão do método, tanto em termos de repetibilidade como de reprodutibilidade, foi adequada para aplicações analíticas.

A estratégia de extração em fase sólida implementada permitiu a eliminação dos efeitos de matriz em amostras complexas, possibilitando a quantificação do analito com recuperações próximas de 100%. A excelente tolerância a elevadas concentrações de potenciais interferentes evidencia a seletividade e a versatilidade da metodologia proposta. A metodologia foi validada com sucesso por ICP-MS, obtendo-se resultados altamente concordantes, o que suporta a fiabilidade e precisão da abordagem analítica empregue. Esta validação reforça a aplicabilidade da técnica desenvolvida para a determinação de vestígios de Mn(II) em amostras de vinho, sugerindo a sua potencial utilidade na indústria vinícola para o controlo de qualidade e autenticidade do produto.A aplicação bem sucedida desta metodologia em amostras de vinhos tintos, brancos, rosés e de lote da Argentina permitiu concluir que a qualidade dos vinhos analisados é adequada para consumo doméstico e exportação, de acordo com os níveis de Mn(II) detectados nas amostras.

A sensibilidade alcançada com esta metodologia é comparável à de técnicas de espetroscopia atómica mais dispendiosas, o que realça a eficácia desta abordagem sustentável e eficiente. Este método alinha-se com os princípios da química verde, minimizando a produção de resíduos, utilizando sobretudo reagentes não tóxicos e apenas um pequeno número de reagentes. e utilizar um instrumento relativamente barato, como um espectrofluorómetro. Esta abordagem inovadora abre a porta a futuras aplicações na deteção de outros metais em diferentes matrizes, expandindo assim o seu potencial no domínio da química analítica.

Almatroudi, A. (2020). Nanopartículas de prata: síntese, caraterização e aplicações biomédicas. Open Life Sciences, 15(1), 819-839.
AL-Thabaiti, S. A., Al-Nowaiser, F., Obaid, A., Al-Youbi, A., & Khan,

Z. (2008). Formação e caraterização de prata estabilizada com surfactante. Colloids and Surfaces B: Biointerfaces, 67(2008), 230-237.
Argentina.gob.ar. (2022). Vinho argentino. Recuperado de Argentina.gob.ar: https://www.argentina.gob.ar/pais/vino
Aschner, J. L., & Aschner, M. (2005). Aspectos nutricionais da homeostase do manganês. Molecular Aspects of Medicine, 26(4-5), 353-362.
Ashley, R. (2009). Nutrição da videira - Uma perspetiva australiana.

St Helena: Foster's Wine Estates Americas. Obtido de

https://ucanr.edu/sites/nm/files/76731.pdf

Atkins, P., & de Paula, J. (2006). The fates of electronically excited states. Em Physical Chemistry, Eighth Edition (pp. 492-495). London: Oxford University Press.
Ayers, R. S., & Westcot, D. W. (1985). Water quality for agriculture (Qualidade da água para a agricultura). Sacramento: Organização das Nações Unidas para a Alimentação e a Agricultura.
Bagheri, A., Behbahani, M., Amini, M. M., Sadeghi, O., Taghizade, M., Baghayi, L., & Salarian, M. (2012). Separação simultânea e determinação de quantidades vestigiais de Cd(II) e Cu(II) em amostras ambientais utilizando nova sílica nanoporosa modificada com difenilcarbazida. Talanta, 89, 455-461.

Bagheri, S., Amini, M. M., Behbahani, M., & Rabiee, G. (2019). Sílica mesoporosa funcionalizada com tiol de baixo custo, KIT-6-SH, como um adsorvente útil para a remoção de íons cádmio: Um estudo sobre as isotermas de adsorção e cinética do KIT-6-SH. Microchemical Journal, 145, 460-469.
Baly, D. L., Curry, D. L., Keen, C. L., & Hurley, L. S. (1984). Effect of Manganese Deficiency on Insulin Secretion and Carbohydrate Homeostasis in Rats (Efeito da deficiência de manganês na secreção de insulina e homeostase de carboidratos em ratos). The Journal of Nutrition, 114(8), 1438- 1446.

Barbir, R., Capjak, I., Crnković, T., Debeljak, Ž., Jurašin, D. D., Ćurlin, M.,Vrček, I. V. (2021). Interação de nanopartículas de prata com proteínas de transporte plasmático: Um estudo sistemático sobre os impactos do tamanho da partícula, forma e funcionalização da superfície. Interações Químico-Biológicas, 335, 109364.
Behbahani, M., Akbari, A. A., Amini, M. M., & Bagheria, A. (2014).

Síntese e caraterização de sílica mesoporosa magnética funcionalizada com piridina e sua aplicação na pré-concentração e deteção de vestígios de iões de chumbo e cobre em produtos combustíveis. Analytical Methods, 6(21), 8785-8792.
Behbahani, M., Bagheri, S., & Amini, M. M. (2020). Desenvolvimento de um método d-μ-SPE assistido por ultrassom usando sorvente de sílica mesoporosa tipo folha de lótus hierárquico modificado por amina para a extração e deteção de traços de lamotrigina e carbamazepina em amostras biológicas. Microchemical Journal, 158, 105268.
Behbahani, M., Rabiee, G., Bagheri, S., & Amini, M. M. (2022).

Ultrassons assistida d-μ-SPE com base em amina-funcionalizado KCC-1 para a deteção de traços de chumbo e cádmio ião por GFAAS.

Microchemical Journal, 183, 107951.

Behbahani, M., Veisi, A., Omidi, F., Badi, M. Y., Noghrehabadi, A., Esrafili, A., & Sobhi, H. R. (2018). A conjunção de um novo método de extração de fase sólida dispersiva assistida por ultrassom com HPLC-DAD para a determinação de traços de diazinon em meios biológicos e hídricos. Novo Jornal de Química, 42(6), 4289-4296.
Bertin, E. P. (1978). Introdução à análise espectrométrica de raios X.

Nova Iorque: Springer.

Carneiro, C. N., & Dias, F. d. (2021). Otimização de resposta múltipla de procedimento assistido por ultrassom para determinação multielementar em amostras de vinho brasileiro por espetrometria de emissão ótica com plasma induzido por micro-ondas. Microchemical Journal, 171, 106857.
Cheng, G., Fa, J.-Q., Xi, Z.-M., & Zhang, Z.-W. (2015). Pesquisa sobre a qualidade das uvas para vinho na área do corredor da China. Food Sci. Technol (Campinas), 35(1), 38-44.
Coetzee, P., Jaarsveld, F. v., & Vanhaecke, F. (2014). Classificação intrarregional do vinho através da impressão digital elementar ICP-MS. Food Chemistry, 164, 485-492.

Corporación Vitivinícola Argentina (2022). Vino Argentino Bebida Nacional. Recuperado de Coviar: https://coviar.ar/vino-argentino- bebida-nacional/

Crocker, M. J. (1995). Sonoquímica e Sonoluminescência. Em K.

S. Suslick, & L. A. Crum, The Handbook of Acoustics (pp. 7-11). Nova Iorque: J. Wiley & Sons, Inc.

Deng, Z.-H., Zhang, A., Yang, Z.-W., Zhong, Y.-L., Mu, J., Wang, F.,Fang, Y.-L. (2019). Uma avaliação dos riscos para a saúde humana de

Elementos vestigiais presentes no vinho chinês. Molecules, 24(2), 248.

Dinca, O. R., Ionete, R. E., Costinel, D., Geana, I. E., Popescu, R., Stefanescu, I., & Radu, G. L. (2016). Discriminação regional e vintage de vinhos romenos com base em impressões digitais elementares e isotópicas. Food Analytical Methods, 9, 2406- 2417.

Đurđić, S., M. P., Trifković, J., Vukojević, V., Natić, M., Tešić, Ž., & Mutić, J. (2017). Composição elementar como ferramenta para a avaliação do tipo, variabilidade sazonal e origem geográfica do vinho e sua contribuição para a ingestão diária de elementos.
RSC Advances, 7, 2151-2162.

Dutra, S. V., Adami, L., Marcon, A. R., Carnieli, G. J., Roani, C. A., Spinelli, F. R.,Vanderlinde, R. (2011). Determinação da origem geográfica de vinhos brasileiros por análise isotópica e mineral.
Analytical and Bioanalytical Chemistry, 401, 1571- 1576.

Ebrahimzadeh, H., & Behbahani, M. (2017). Um novo polímero impresso com chumbo como fase sólida selectiva para extração e deteção de vestígios de iões de chumbo por espetrofotometria de absorção atómica de chama: Síntese, caraterização e aplicação analítica. Jornal Árabe de Química, 10, S2499-S2508.

Farré, M. I., Pérez, S., Kantiani, L., & Barceló, D. (2008). Destino e toxicidade de poluentes emergentes, seus metabolitos e produtos de transformação no ambiente aquático. TrAC Trends in Analytical Chemistry, 27(11), 991-1007.

Ghorbani-Kalhor, E., Behbahani, M., & Abolhasani, J. (2015). Aplicação de nanopartículas poliméricas impressas com iões para a determinação selectiva de vestígios de iões de paládio em amostras alimentares e ambientais com o auxílio da metodologia de conceção experimental. Food Analytical Methods, 8(7), 1746-1757.

Greger, J. L. (1999). Nutrição versus toxicologia do manganês em humanos: avaliação de potenciais biomarcadores. Neurotoxicologia, 20(2-3), 205-212.

Grupo de Inovação Docente em Operativa de Laboratórios Químicos (2008). Técnicas e Operações Avançadas no Laboratório Químico. Barcelona: Universidade de Barcelona. Recuperado de https://www.ub.edu/talq/es/node/252

Guthrie, B. E. (1975). Chromium, manganese, copper, zinc and cadmium content, of New Zealand foods. N Z Med J, 82(554), 418-24.

He, B., Tan, J. J., Liew, K. Y., & Liu, H. (2004). Síntese de nanopartículas de Ag de tamanho controlado. Journal of Molecular Catalysis A, 221(2004), 121-126.

Herrero-Latorre, C., Álvarez-Méndez, J., Barciela-García, J., García-Martín, S., & Peña-Crecente, R. (2012). Nanotubos de carbono como sorventes de extração em fase sólida antes da determinação espectrométrica atómica de espécies metálicas: Uma revisão. Analytica Chimica Ata, 749, 16-35.

Instituto Nacional de Viticultura (2022). Principais dados vitivinícolas. Recuperado de Argentina.gob.ar:

https://www.argentina.gob.ar/inv/vinos/principales-datos- vitivinicolas

Joseph, C. (18 de dezembro de 2021). A indústria vinícola argentina termina o ano com produção, exportação e consumo em alta. Recuperado de Télam: https://www.telam.com.ar/notas/202112/578286-vitivinicultura- produccion-exportaciones-consumo.html

Keen, C. L., Lönnerdal, B., & Hurley, L. S. (1984). Manganês. Em E. Frieden, Biochemistry of the Essential Ultratrace Elements (pp. 89-132). New York: Plenum.

Kies, C. (1987). Visão geral da biodisponibilidade do manganês. Em Nutritional Bioavailability of Manganese (Biodisponibilidade nutricional do manganês) (pp. 1-8). Lincoln: American Chemical Society.

Grupo de Investigação de Kubatova (2014). Determinação de LODs (limites de deteção) e LOQs (limites de quantificação) . Grand Forks: Universidade de Dakota do Norte.

Kwakye, G. F., Paoliello, M. M., Mukhopadhyay, S., Bowman, A., & Aschner, M. (2015). Parkinsonismo induzido por manganês e doença de Parkinson: Caraterísticas partilhadas e distinguíveis. Int J Environ Res Public Health, 12(7), 7519-40.

La Pera, L., Dugo, G., Rando, R., Di Bella, G., Maisano, R., & Salvo, F. (2008). Estudo estatístico da influência dos tratamentos fungicidas (mancozebe, zoxamida e oxicloreto de cobre) nas concentrações de metais pesados no vinho tinto siciliano. Food Add Contam Part A, 25(3), 302-313.

Lakowicz, J. R. (2006). Principles of Fluorescence Spectroscopy (Princípios da Espectroscopia de Fluorescência). Nova Iorque: Springer.

Lytle, C., Smith, B., & McKinnon, C. (1995). Manganese accumulation along Utah roadways: a possible indication of motor vehicle exhaust pollution. Sci Total Environ, 162, 105- 109.

Mafuné, F., Kohno, J.-y., Takeda, Y., & Kondow, T. (2000).

Estrutura e Estabilidade de Nanopartículas de Prata em Solução Aquosa Produzidas por Ablação a Laser. Journal of Physical Chemistry B, 104(35), 8333-8337.

Mikhailov, O. V., & Mikhailova, E. O. (2019). Nanopartículas de prata elementar: Biossíntese e Bioaplicações. Materiais, 12(19), 3177.

Mohagheghpour, E., Farzin, L., Ghoorchian, A., Sadjadi, S., & Abdouss, M. (2022). Deteção seletiva de íons manganês (II) com base na resposta de ativação da fluorescência por meio de pontos quânticos de carbono funcionalizados com histidina. Spectrochimica Ata Part A: Molecular and Biomolecular Spectroscopy, 279, 121409.

Narayanan, K. B., & Han, S. S. (2017). Deteção colorimétrica de íons manganês (II) usando nanopartículas de prata estabilizadas com alginato. Pesquisa em Intermediários Químicos, 43(10), 5667-5674.

Naughton, D. P., & Petróczi, A. (2008). Iões de metais pesados nos vinhos: a meta-análise dos quocientes de perigo alvo revela riscos para a saúde. Chem Cent J, 2, Número do artigo: 22.

Neal, A. P., & Guilarte, T. R. (2013). Mecanismos de neurotoxicidade do chumbo e do manganês. Toxicology Research, 2(2), 99-114.

Omidi, F., Behbahani, M., Bojdi, M. K., & Shahtaheri, S. J. (2015). Extração em fase sólida e monitorização de vestígios de iões de cádmio em amostras ambientais de água e alimentos com base em sílica nanoporosa magnética modificada. Journal of Magnetism and Magnetic Materials, 395, 213-220.

Pennington, J. A., Young, B. E., Wilson, D. B., Johnson, R. D., & Vanderveen, J. E. (1986). Mineral content of foods and total diets: the Selected Minerals in Foods Survey, 1982 to 1984. J Am Diet Assoc, 86(7), 876-92.

Pepi, S., & Vaccaro, C. (2017). Impressões digitais geoquímicas do vinho "Prosecco" com base em elementos principais e vestigiais.

Geoquímica Ambiental e Saúde, 40, 833-847.

Pozo Pérez, D. (2010). Silver Nanoparticles. Vukovar: InTech.

Rakhtshah, J., Shirkhanloo, H., & Mobarake, M. D. (2022). Especiação e determinação simultâneas de manganês

(II) e (VII) em amostras de água, alimentos e vegetais com base na imobilização de N-acetilcisteína em nanotubos de carbono de paredes múltiplas. Food Chemistry, 389, 133124.

Ribeiro-de-Lima, M. T., Kelly, M. T., Cabanis, M.-T., Cassanas, G., Matos, L., Pinheiro, J., & Blaise, A. (2004). Determinação de ferro, cobre, manganês e zinco nos solos, uvas e vinhos dos Açores. Journal international des sciences de la vigne et du vin, 38(2), 109-118.

Sankar, S., Inamdar, A. I., Im, H., Lee, S., & Kim, D. Y. (2018). Síntese sonoquímica rápida e sem modelos de nanopartículas esféricas de α-MnO2 para eléctrodos de supercapacitores de alta energia. Ceramics International, 44(14), 17514-17521.

Schneider, C. A., Rasband, W. S., & Eliceiri, K. W. (2012). NIH Image to ImageJ: 25 anos de análise de imagens. Nature Methods, 9(7), 671-675.

Schramm, V. L., & Brandt, M. (1986). A economia de manganês (II) dos hepatócitos de ratos. Federation Proceedings, 45(12), 2817- 2820.

Skoog, D. A., Holler, F. J., & Crouch, S. R. (2008). Princípios de análise instrumental. México: Cengage Learning.

Smoleńa, P., Sekułaa, E., & Kleszcza, K. (2017). Determinação de cobre, manganês e crómio no vinho. Ciência, Tecnologia e Inovação, 1(1), 35-37.

Sobhi, H. R., Mohammadzadeh, A., Behbahani, M., & Esrafili, A. (2019). Implementação de um método de extração de fase sólida dispersiva assistida por ultrassom para análise de traços de chumbo em amostras aquosas e de urina. Jornal Microquímico, 146, 782- 788.

Sondi, I., Goia, D. V., & Matijevic, E. (2003). Preparação de dispersões estáveis altamente concentradas de nanopartículas de prata uniformes. Journal of Colloid and Interface Science, 260(1), 75-81.

Stockley, C., Paschke-Kratzin, A., Kosti, R., Teissedre, P.-L., Restani, P., Garcia Tejedor, N., . . . Molina, M. (2018). Manganês em produtos vitivinícolas: Origin, Influence, Toxicity. Paris: Publicações OIV. Obtido em https://www.oiv.int/sites/default/files/2022-09/manganese-in-vitivinicultural-products-origin-influence-toxi_en.pdf

Sun, Y., & Xia, Y. (2002). Shape-Controlled Synthesis of Gold and Silver Nanoparticles (Síntese de nanopartículas de ouro e prata com controlo da forma). Science, 298(5601), 2176-2179.

Talebi, J., Halladj, R., & Askari, S. (2010). Síntese sonoquímica de nanopartículas de prata em substrato de Y-zeólito. Journal of Materials Science , 45, 3318-3324.

Talio, M. C., Acosta, M. G., Acosta, M., Olsina, R., & Fernández, L. P. (2015). Novo método para determinação de traços de zinco em bebidas e amostras de água por fluorescência de superfície sólida usando uma cubeta de quartzo convencional. Food Chemistry, 175, 151-156.

Talio, M. C., Alesso, M., Acosta, M., Wills, V. S., & Fernández, L. P. (2017). Determinação sequencial de níquel e cádmio em tabaco, melaço e soluções de recarga para amostras de cigarros eletrônicos por fluorescência molecular. Talanta, 174, 221-227.

Talio, M. C., Luconi, M. O., & Fernández, L. P. (2011).

Determinação do níquel no fumo de cigarros por fluorescência molecular. Microchemical Journal, 99(2), 486-491.

Wang, C. C., Luconi, M. O., Masi, A. N., & Fernández, L. P. (2009). Nanopartículas de prata derivatizadas como sensor para ultra-traço.

Talanta, 77, 1238-1243. Willard, H. H., L.Merritt, L., A.Dean, J., & A.Settle, F. (1991).

Espectrofotometria de fluorescência e fosforescência. Em Métodos instrumentales de análisis (pp. 193-218). México: Grupo Editorial Iberoamericana.

Xia, Y., Xiong, Y., Lim, B., & Skrabalak, S. (2008). Síntese de nanocristais metálicos com controlo da forma: Simple Chemistry Meets Complex Physics? Angewandte Chemie International Edition, 48(1), 60-103.

# I want morebooks!

Buy your books fast and straightforward online - at one of world's fastest growing online book stores! Environmentally sound due to Print-on-Demand technologies.

Buy your books online at
**www.morebooks.shop**

Compre os seus livros mais rápido e diretamente na internet, em uma das livrarias on-line com o maior crescimento no mundo! Produção que protege o meio ambiente através das tecnologias de impressão sob demanda.

Compre os seus livros on-line em
**www.morebooks.shop**

Printed by Books on Demand GmbH, Norderstedt / Germany